TOOL
ツール活用シリーズ

電波の分布が一目でわかるスペアナ機能

tinySA
活用ガイド

RFアンプのスプリアス調整に！SG機能で受信系の調整も！

鈴木憲次 著
Kenji Suzuki

CQ出版社

はじめに

　本書は，tinySAを入手して，初めてスペアナで高周波回路の測定をしてみようとしている諸氏のための解説書です．

　tinySAの機能と使い方，tinySAと一緒に使えば，さらに便利に測定ができる自作可能な外付け回路の作り方も詳しく解説しました．

　高周波機器を作る場合，設計／製作後，できあがった機器の特性を確認します．そこで登場するのがスペアナです．

　従来のスペアナは，価格が数十万円以上と高価な測定機器ですが，近年従来とは異なる安価な価格帯でtinySAというスペアナが発売されました．

　実際に使ってみると，従来のスペアナとは信号処理や精度の点ではやや劣りますが，測定機能は遜色ないことがわかってきました．

　これまでスペアナの導入を価格面で躊躇してきた諸氏も，tinySAの長所と短所を良く知ったうえでなら，高周波回路の測定に活用できる場面が多いことでしょう．

　tinySAはポケットサイズで，スマートフォンのような小さな液晶パネルで操作します．しかしダウンロードしたアプリを使ってパソコンからtinySAを制御すれば，快適な操作環境が得られます．

　入門者がイメージしやすいように，スペアナで高周波回路を測定する例を挙げてみましょう．

　組み上がった50MHz 出力2Wの高周波パワーアンプの出力信号をtinySAで測定してみた例です．なおtinySAへの過大入力を防ぐために，パワーアンプとtinySAの間に30dBのアッテネータを入れて信号レベルを下げています．

　高周波パワーアンプとして使うには，目的外のスプリアス波の出力をできるだけ低くしたいところです．tinySAの液晶パネルには，右の写真のように基本波50MHzと高調波成分が表示され，高周波成分の周波数と信号レベル(信号強度)が一目でわかります．

　このようにスペアナで得られるデータを利用してパワーアンプの調整や設計変更，目的外のスプリアス波低減や，除去フィルタの設計，調整に役立てます．

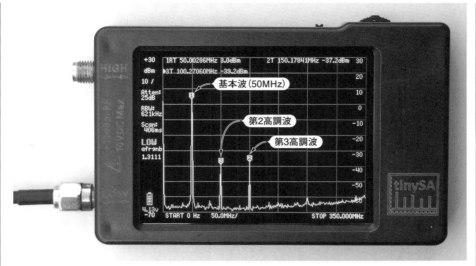

基本波の信号ベルは約33dBm（2W），第2高調波と第3高調波の発生が確認できるが，第4〜第6高調波は発生していないことがわかる

　tinySAは，広い範囲の高周波信号を測定できますが，活用するためにはスペアナの使い方を知っておかねばなりません．

　従来のスペアナの説明書は，数百ページで専門用語がびっしりと書かれたものが多く，入門者はどこから読み始めれば良いか迷うことが多くありました．

　本書は，tinySAの基本的な操作方法に絞って，図と写真で以下の内容を入門者向けに詳しく説明しました．

第1章　スペアナの動作原理とtinySAの仕様と機能
第2章　tinySAの基本的な操作
第3章　PC（パソコン）接続で操作する方法
第4章　tinySAを便利に使うための付加回路の製作

　それではtinySAを活用して，高周波の世界へさらにもう一歩踏み込んで楽しんでみましょう．

第1章

スペクトラム・アナライザとは？

　スペクトラム・アナライザ(spectrum analyzer：通称スペアナ)は，高周波回路の実験や測定になくてはならない機器の1つです．スペクトラム・アナライザがあるとないとでは，高周波回路の世界の見え方が違ってくる，そんな言い方もできるでしょう．
　スペクトラム・アナライザは，信号に含まれる成分を周波数別に表示する測定器です．ここでは，スペクトラム・アナライザの動作原理と，本書で取り上げるスペアナ tinySA の概要を紹介します．

オシロスコープとスペクトラム・アナライザ

　高周波の測定器として思い浮かぶのは，通称オシロとも呼ばれるオシロスコープと，通称スペアナとも呼ばれるスペクトラム・アナライザです．

　オシロとスペアナの違いを知っておけば，高周波信号の測定においてオシロとスペアナを適材適所で使うことができるので，まずその違いを見ていきましょう．

● オシロスコープは波形，スペクトラム・アナライザは周波数と電力

　図1-1は，オシロスコープとスペクトラム・アナライザの信号測定の関係を表したものです．オシロスコープは，横軸は時間，縦軸は電圧を示します．つまり，表示パネルには時間的に対する信号の振幅の変化を表示します．

　オシロスコープは時間領域(time domain)で電気信号を測定できますが，スペクトラム・アナライザは周波数成分を表示する測定器なので，横軸に周波数，縦軸に電力または電圧の高さを示し，表示パネルには波形の周波数成分とレベルを表示します．つまり，スペクトラム・アナライザは周波数領域(frequency domain)で電気信号を測定します．

● 高周波信号をオシロスコープとスペクトラム・アナライザで測定する

　オシロスコープとスペクトラム・アナライザの関係を具体的に比較するために，同一の信号をオシロスコープとスペクトラム・アナライザとで測定してみました．

① 正弦波信号の測定：周波数 $f = 2\text{MHz}$，最大値 $V_p = 0.1\text{V}$

　この信号をオシロスコープで測定すると，図1-2(a)のように時間の経過とともに変化

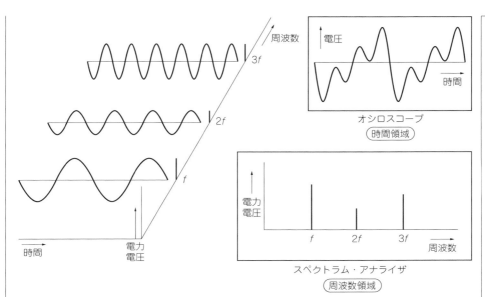

図1-1　オシロスコープとスペクトラム・アナライザの信号測定の関係
オシロスコープは時間領域(time domain)で電気信号を観測，スペクトラム・アナライザは周波数領域
(frequency domain)で電気信号を観測する測定器

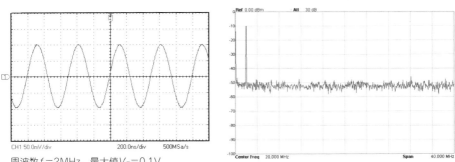

周波数 $f=2\mathrm{MHz}$，最大値 $V_P=0.1\mathrm{V}$
時間の経過とともに変化する正弦波信号を測定

（a）オシロスコープで測定した場合

周波数軸上には2MHzの周波数成分を表示

（b）スペクトラム・アナライザで測定した場合

図1-2　正弦波信号の測定
周波数 $f=2\mathrm{MHz}$，最大値 $V_p=0.1\mathrm{V}$ の正弦波をオシロスコープとスペクトラム・アナライザで測定して比
較する

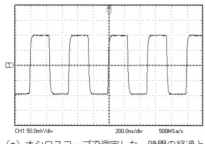

（a）オシロスコープで測定した．時間の経過とともに変化する方形波信号

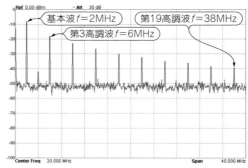

（b）スペクトラム・アナライザで測定．周波数軸上には2MHzと奇数倍の3f，5f，7f…の周波数成分を表示する

図1-3　矩形波信号の測定
周波数f＝2MHz，最大値V_p＝0.1 Vの矩形波をオシロスコープとスペクトラム・アナライザで測定して比較する

する正弦波信号が観測できます．スペクトラム・アナライザで測定すると正弦波の周波数成分は2MHzのみなので，**図1-2（b）**のように周波数軸上には2MHzの周波数成分を表示します．

② 矩形波信号の測定：周波数f＝2MHz，最大値V_p＝0.1V

　この信号をオシロスコープで測定すると，**図1-3（a）**のように時間の経過とともに変化する方形波信号として観測できます．スペクトラム・アナライザで観測すると矩形波の周波数成分は基本波の2MHzと奇数倍の高調波成分が合成された波形なので，**図1-3（b）**のように周波数軸上には2MHzと奇数倍の3f，5f，7f……の周波数成分を表示します．

● スペクトラム・アナライザの使い道

　オシロスコープは波形の形を観測できます．正弦波，方形波，三角波……と，波形の違いを観測できます．また，ディジタル信号の立ち上がり／立ち下がり時間を測定することができます．

　一方，スペクトラム・アナライザは信号波の周波数成分と信号強度（レベル）を測定できます．不要輻射や高調波，そして変調時の周波数スペクトルなどの測定に適しています．

　tinySAにアンテナをつないで複数の放送局や無線局から発射される電波をとらえて，その周波数と信号強度を測定することもできます．

tinySAで電波を受信してみる

　スペクトラム・アナライザは，設定した受信周波数の範囲をスキャンして電波の存在を表示することができます．ただし，受信した電波の音は再生できません．周波数と電波のレベル(強さ)を表示できます．

　tinySAのLOW入力端子にアンテナをつないで電波を受信してみることにしました．アンテナは，tinySA付属の長さ30cmのロッドアンテナに数mの被覆電線を接続したものです．

　夜間に受信してみると周波数0.1M～350MHzでは，下の図(a)のように短波放送，FM放送，業務無線などの電波が分布していることがわかります．

　また周波数5M～25MHzでは，下の図(b)のように短波放送やアマチュア無線の電波が分布していることもわかります．

　このように，どの周波数でどのくらいの信号の強さの電波が出ているかを一目で確認する事ができます．

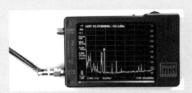 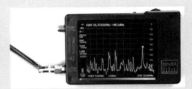

周波数帯域内に，短波放送，FM放送や業務無線の電波が分布している

夜間受信すると，短波放送やアマチュア無線の電波が分布していることがわかる

　(a) 受信周波数0.1M～350MHz　　　　(b) 受信周波数5M～25MHz

tinySAで電波を受信

スペクトラム・アナライザの方式

　スペクトラム・アナライザの測定方式には，FFT方式(fast fourier transform：高速フーリエ変換方式)と同調掃引方式の2つがあります．この違いを見てみましょう．

● FFT方式
　図1-4は，FFT方式の原理です．信号の流れは，アナログの入力信号をA-D変換

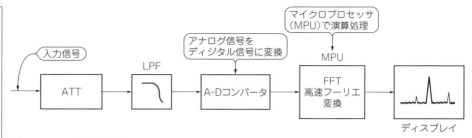

図1-4　FFT方式の原理
FFT方式では，FFT（高速フーリエ変換）することで時間領域の信号を周波数領域の信号に変換する

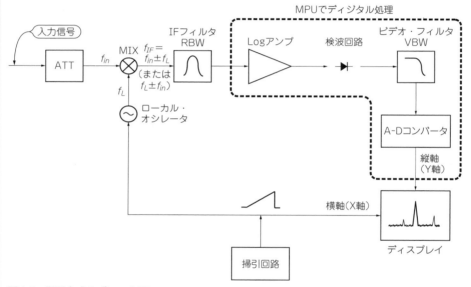

図1-5　掃引方式のブロック図
ヘテロダイン方式のスペクトラム・アナライザは，ヘテロダイン方式の受信機とそっくり．また，現在のスペアナではLogアンプからA-Dコンバータまでの回路は，MPUでディジタル処理している

(analog-digital converter)でディジタル信号にします．次にディジタル信号を高速フーリエ変換して周波数領域のデータである周波数スペクトルにします．なおフーリエ変換の演算を受け持つのは，MPU(Micro Processing Unit)です．

ディジタル・オシロスコープにもFFTモードがあるので，スペクトラム・アナライザ

として機能します.

● 掃引方式

図1-5のブロック図のように,構成は受信機と似ています.特に周波数変換やフィルタなどの動作は,ヘテロダイン方式の受信機そのものです.それでは,掃引方式の動作を順に追ってみましょう.

① 周波数 f_{in} の入力信号は,ATT(減衰回路)を通過したあとMIX(混合回路)で周波数 f_L のローカル信号と混合して周波数 f_{IF} の信号に周波数変換される.なお f_{IF} の中心周波数は固定されている

② IFフィルタで分解能帯域幅RBW(resolution band width)の信号を通過させる

③ このときローカル信号の周波数 f_L をスイープして変化させると,$f_{IF} = f_{in} \pm f_L$ なので,入力信号の周波数 f_{in} が変化する

④ IFアンプ→Logアンプ(対数アンプ)→検波回路→ビデオフィルタ(VBW:video band width)→A-Dコンバータの信号をディスプレイの縦軸に加える.縦軸が電力または電圧になり,横軸にはスイープ信号を加えるので周波数になる

現在のスペアナでは,LogアンプからA-Dコンバータまでの回路はMPUによりディジタル処理をしています.

スペクトラム・アナライザ tinySA

tinySAは,オランダのErik Kaashoek(エリック・カーショエック)氏により設計された簡易スペクトラム・アナライザです.

公式サイトのWebサイト https://www.tinysa.org/

この公式サイトから詳しい情報を得ることができます.機能や取扱説明書などの仕様から,tinySAは掃引方式のスペクトラム・アナライザということがわかります.

測定器という格好をしたスペアナは20万円以上するのに対して,tinySAは1万円前後で入手できる格安のスペアナです.

● 外観と仕様

tinySAは,スタンドアローンまたはPC接続で動作するスペクトラム・アナライザで,SG(signal generator:信号発生器)機能も備えています.表示は2.8インチの液晶ディスプ

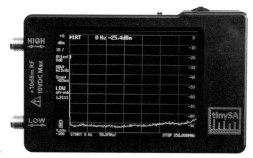

写真1-1
tinySAの外観

表1-1　tinySAの主な仕様

スペアナまたはSG（信号発生器）にもなる測定器で，周波数範囲は0.1M～960MHz内蔵バッテリで約2時間動作する．ポケットに入れて持ち運べ，PCとUSB接続してスペアナとして操作することもできる

項　目		仕　様
外形		H58.7 × W91.3mm × D17.1mm
ディスプレイ		2.8inch TFT タッチパネル（320 × 240ドット）
スペクトラム・アナライザ	LOW	測定周波数0.1M ～ 350MHz（高精度）
	HIGH	測定周波数240M ～ 960MHz
	最大入力レベル	＋10dBm
	推奨入力レベル	－25dBm以下
	測定ポイント	51，101，145，290のいずれか
	RBW	3，10，30，100，300，600kHz，Auto（57ステップ）
SG（信号発生器）	LOW	正弦波0.1M ～ 350MHz，－76 ～ －7dBm
	HIGH	矩形波240M ～ 960MHz，－38 ～ ＋16dB
入力インピーダンス	LOW	50Ω：ただしアッテネータ：ATT ≧ 10dBm
	HIGH	測定周波数により50Ωから外れる
USBインターフェース		USB type-C
電源（バッテリ）		USB 5V，650mAh（動作時間2時間）
設定保存		5
付属品		ロッドアンテナ，SMAプラグ付きケーブル×2本，SMAジャックアダプタ，USB Type-C Type-Aケーブル，ストラップ

レイで，バッテリを内蔵しているのでどこでも使うことができます．

　写真1-1はスペクトラム・アナライザtinySAの外観で，**表1-1**は主な仕様です．大きさは，縦横が58.7 × 91.3mm，奥行きは17.1mmの手のひらサイズで，ポケットに入れて持ち運べる測定器です．スペアナおよびSGの周波数範囲は0.1M ～ 960MHz．内蔵バッテリで約2時間動作します．

写真1-2　tinySAの内部

写真1-3　シールドケースの蓋を外した様子

● tinySAの内部

　裏面4カ所のプラスねじを外すと，**写真1-2**のような高周波部分がシールドしてある基板が表れます．シールド・ケースの蓋を外すと，**写真1-3**のようなパーツ類を見ることができます．

　基板に実装されている部品で目に付くのは，シリコン・ラボラトリーズ社(Silicon Laboratories Inc.)のトランシーバ用ICのSi4432です．トランシーバ用ICなので受信機と送信機の機能を持っています．周波数レンジは240M ～ 930MHzです．基板には2個のSi4432が配置されており，Si4432の受信モードでスペクトラム・アナライザに，送信モードで信号発生器として動作します．また2個のSi4432の動作は，MCU(micro controller unit)により制御されます．

● tinySAの動作モード

　tinySAの動作モードは，スペクトラム・アナライザとして2種類，信号発生器として同じく2種類の，計4種類のモードがあります．各モードの動作は次のようになります．

▶ LOW入力モード：測定周波数0.1 ～ 350MHz

　測定周波数f_{Low} = 0.1M ～ 350MHzのスペクトラム・アナライザとして動作します．

　図1-6は，LOW入力モードのブロック図です．掃引方式のスペクトラム・アナライザとなっており，tinySAの仕様には"low input mode"，高精度と表記されています．

　スペクトラム・アナライザのメインになるのは，トランシーバ用ICのSi4432です．Si4432の受信周波数帯域は240M ～ 960MHzで，測定周波数f_{Low}は0.1M ～ 350MHzなので，f_{Low}を周波数コンバータでアップコンバートして，Si4432の受信周波数帯域内の439.9MHzにしています．

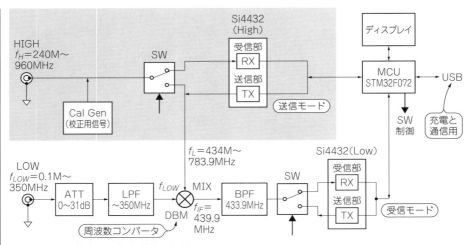

図1-6　LOW入力モードのブロック図
LOW入力モードの測定周波数 f_{Low} は 0.1M ～ 350MHz．トランシーバ用ICのSi4432の送受信周波数は
240M ～ 960MHzなので，0.1M ～ 350MHzを f_{IF} = 433.9MHzにアップコンバートすればSi4432の受信
周波数になる．スペクトラム・アナライザ動作のときの信号の流れは，LOW入力→ATT→LPF→MIX→
BPF→SW から Si4432の受信部に入力

　それではブロック図で信号の流れを追ってみましょう．ここで動作説明のために，2つ
のSi4432の一方をSi4432(Low)，他方をSi4432(High)とします．

　なおtinySAではローカル・オシレータの周波数 f_L のスイープをスキャンと呼んでいます．

① 周波数の関係

　Si4432(Low)は受信モードで動作する周波数 f_{IF} = 433.9MHzの受信機です．Si4432
(High)は送信モードで動作し，周波数 f_L = 434M ～ 783.9MHzのローカル発振器です．

　周波数コンバータの各信号の周波数の関係は次のようになります．

> ・ f_{Low} = 0.1MHz ならローカル周波数 f_L = 434MHz
>
> $f_{IF} = f_L - f_{Low} = 434 - 0.1 = 433.9$ MHz
>
> ・ f_{Low} = 350MHz ならローカル周波数 f_L = 783.9MHz
>
> $f_{IF} = f_L - f_{Low} = 783.9 - 350 = 433.9$ MHz

　つまりローカル周波数 f_L を434MHzから783.9MHzまでスイープすれば，測定周波数
f_{Low} は0.1MHzから350MHzの間をスキャンできるということです．

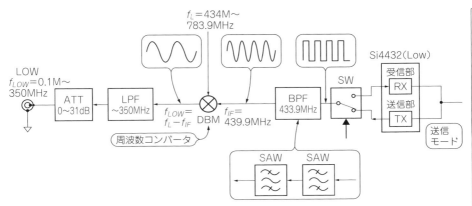

図1-7　SGで出力周波数0.1M～350MHzの信号の流れ
f_{IF}＝433.9MHzをダウンコンバートして，SGの出力周波数＝f_{Low}を0.1M～350MHzにする．Si4432(Low)の出力波形は矩形波なので，SAWフィルタ×2段を通すことで正弦波になる

② 信号の流れ

　LOW入力端子からの信号の流れは，LOW入力→ATT→LPF→DBM→BPF→SWからSi4432(Low)の受信部に入力という順です．Si4432(Low)の受信部に入力した信号はディジタル処理され，スペクトラム・アナライザの信号としてディスプレイに表示されます．

▶ LOW出力モード：出力周波数0.1M～350MHz

　周波数f_{LOW}＝0.1M～350MHzのSGとして動作します．

　図1-7は，SGで出力周波数0.1M～350MHzの信号の流れです．出力信号は正弦波でtinySAの仕様には"low output mode"と表記されています．

　Si4432の送信周波数は240M～960MHzで出力周波数f_{Low}が0.1M～350MHzなので，周波数コンバータでダウンコンバートしています．

　Si4432(High)は送信モードで動作し，周波数f_L＝434M～783.9MHzです．Si4432(Low)も送信モードで動作し，周波数f_{IF}＝433.9MHzです．Si4432(Low)の出力波形は矩形波なので，SAWフィルタを通すことで正弦波にしています．

　ちなみに，f_{Low}，f_{IF}，f_Lの関係は次のようになります．

　出力信号：$f_{Low} = f_L - f_{IF}$

なので，

$f_L = 434\text{M} \sim 783.9\text{MHz}, \; f_{IF} = 433.9\text{MHz}$

とすると, f_{Low} の周波数範囲は, 0.1MHz(434－433.9)から350MHz(783.9－433.9)になります.

ソフトウェア無線の技術

　下の表は, tinySAで使われているSi4432の仕様です. その中身は, 下の図のような V/UHF帯用のソフトウェア無線(SDR:software-defined radio)用のICです. ソフトウェア無線は, ハードウェアの電子回路をソフトウェアで制御しているので, 受信周波数, 信号レベル, 周波数帯域幅などをプログラムで設定することができます.

　受信部の信号の流れは, 次のようになります.

受信入力RF→LNA(low noise amplifier)→Mixers→PGA(programmable gain amplifier)→ADC(analog to digital converter)→Digital Logic

　受信入力RFからMixers回路までは扱う信号の周波数が高いのでRF部と呼ばれ, ハードウェア回路が主体になります. Mixers回路の役目は, 周波数変換してベースバンドと呼ばれる低い周波数のアナログ信号に変換することです.

　ベースバンド信号は, A-Dコンバータでディジタル信号に変換されディジタル回路で信号処理します.

　また送信部の信号の流れは, 次のようになります.

Digital Logic→PLL(phase locked loop)→VCO(voltage-controlled oscillator) →PA(power amplifier)→送信出力TX

Si4432の仕様

項　目	仕　様
周波数帯域	240M ～ 930MHz
受信感度	－121dBm
送信出力電力	＋20dBm
変調方式	FSK, GFSK, OOK
電源電圧	1.8 ～ 3.6V
パッケージ	20ピン QFN
周囲温度	－40 ～ 85℃

Si4432は, V/UHF帯用のソフトウェア無線(SDR:software-defined radio)用のICで送受信周波数は240M ～ 930MHz

▶ HIGH入力モード：測定周波数240M ～ 960MHz

測定周波数f_{High} = 240M ～ 960MHzのスペクトラム・アナライザとして動作します.

図1-8(a)は，HIGH入力モードの信号の流れです．tinySAの仕様には"high input mode"

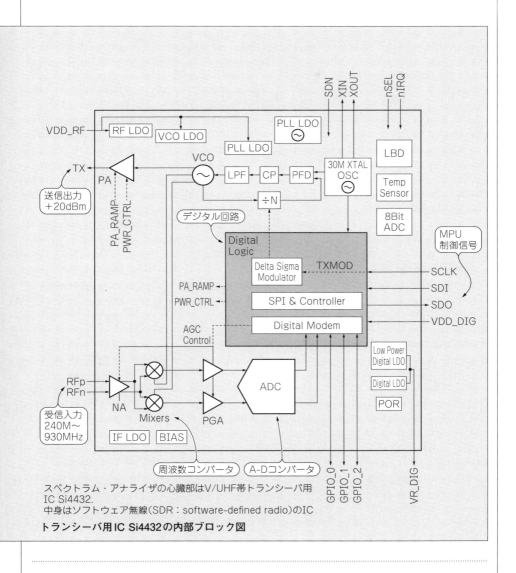

スペクトラム・アナライザの心臓部はV/UHF帯トランシーバ用
IC Si4432.
中身はソフトウェア無線(SDR：software-defined radio)のIC

トランシーバ用IC Si4432の内部ブロック図

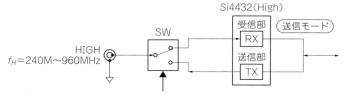

Si4432（High）のみの受信モードの動作になり，
帯域外の信号により妨害を受けてスプリアスが発生する

（a）HIGH入力モードの信号の流れ

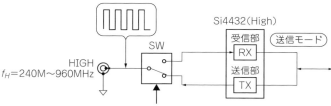

図1-8
HIGH入力と出力モードの
ブロック図

Si4432（High）のみの送信モードの動作になり，
出力信号は矩形波

（b）SGで出力周波数240M～960MHzの信号の流れ

と表記されています．Si4432（High）のみの受信動作なので，測定精度が低くなります．また入力側にフィルタがないので帯域外の信号による妨害を受けやすく，スプリアス発生の原因になりそうです．ソフトでスプリアスを除去する機能も用意されていますが，SAWフィルタには及びません．

▶ **HIGH出力モード：周波数 240M ～ 960MHz**

周波数f_{High}＝240M ～ 960MHzのSGとして動作します．

図1-8（b）は，SGで出力周波数240M ～ 960MHzの信号の流れです．tinySAの仕様には"high output mode"と表記しています．

Si4432（High）のみの送信モードの動作になります．出力信号はフィルタを通していないので，Si4432の本来の出力信号になる矩形波です．正弦波出力のLOW出力モードの周波数は0.1M ～ 350MHzなので，矩形波のSGとしての使うのは350MHz以上の周波数です．とすると第3高調波は1050MHz以上になので，矩形波の第3高調波は被測定回路の帯域外になることもあります．以上のことを念頭に置けば，それなりの使い方ができそうです．

この章ではスペクトラム・アナライザのしくみと，測定器として使うtinuSAの中身．仕様ににについて説明しました．第2章と第3章のtinySAの使い方へと進みましょう．

第2章

tinySAで測定　スタンドアローン編

スペクトラム・アナライザを初めて手にしたとき，設定項目の多さに驚く方も多いでしょう．これから紹介する tinySA は，デフォルトが auto モードになっています．auto モードでは測定周波数や信号レベルに応じて測定条件が自動的に設定されるので，それほど設定に戸惑うことなく tinySA 任せでスペクトラム・アナライザを使い始めることができます．
　このスタンドアローン編では，tinySA を auto モードで使う手順を紹介します．
　おさえておきたい基本項目を中心に tinySA の操作を短時間で使えるようにします．
　さらに tinySA は発振器にもなるので，高周波発振器としての基本的な使い方も紹介します．

tinySAの操作

　写真2-1は，tinySA の端子やスイッチ類です．上部の USB Type-C 端子は，充電端子および通信用の USB ポートです．第3章で紹介するように，付属のケーブルで tinySA とパソコンを接続してソフトでも制御できます．

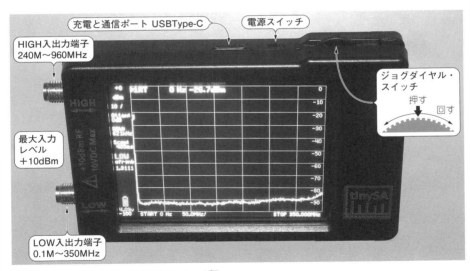

写真2-1　tinySAの入出力端子とスイッチ類
tinySA の各種の操作は，タッチパネルまたはジョグダイヤル・スイッチで

tinySAの測定器としての設定は，タッチパネルまたはジョグダイヤル・スイッチで行います．タッチパネルとジョグダイヤル・スイッチの関係は，

> 「パネルをタッチ⇔ジョグダイヤル・スイッチを押す」
> 「メニューを選択してタップ⇔ジョグダイヤル・スイッチを回して選択して押す」

です．

tinySAの操作は，タッチパネルの操作で説明していきますが，ジョグダイヤル・スイッチの操作にも置き換えてみてください．また設定によっては，ジョグダイヤル・スイッチが適している場合もあります．

それではtinySAを最初に使うときに行う初期設定へと進みましょう．

LOW入力モードの初期設定

設定途中で電池切れにならないように，まず内蔵充電池を充電しておきます．その後，**写真2-2**のようにHIGH端子とLOW端子を付属のSMAプラグ付ケーブルで接続します．HIGH端子から出力するCAL信号で，LOW入力モードのレベル・キャリブレーションとセルフ・テストをします．

なお，tinySAの最大許容入力は，高周波信号が+10dBmで直流電圧は10Vです．

● レベル・キャリブレーションとセルフ・テストの流れ

図2-1は，レベル・キャリブレーションとセルフ・テストの流れです．流れをつかんでおけば，レベル・キャリブレーションとセルフ・テストをスムーズに進めることができます．

• レベル・キャリブレーション

レベル・キャリブレーション[level calibration]は，パネルをタッチして，

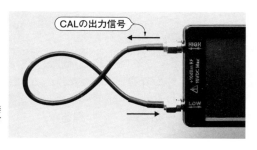

写真2-2
HIGH端子とLOW端子を接続する
SMAプラグ-SMAプラグケーブルで接続して，HIGH端子のSGの出力信号がLOW端子の入力信号となるようにする

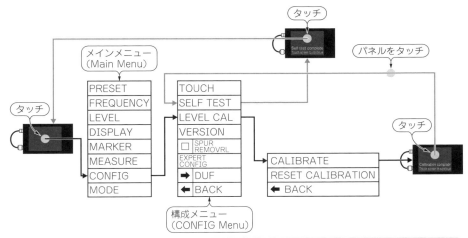

レベルキャリブレーションの流れは，パネルをタッチして[CONFIG]→[LEVEL CAL]→[CALIBRATE]
を順にタップすると[Calibration complate]になりキャリブレーション終了．またセルフテストは，パネ
ルをタッチして[SELF TEST]をタップすると[Self test complete]になりセルフテスト終了

図2-1　レベル・キャリブレーションとセルフ・テストの流れ

[CONFIG]→[LEVEL CAL]→[CALIBRATE]

の順にタップするとレベル・キャリブレーションが始まり，レベル・キャリブレーション
が正常に行われれば，

[Calibretion complate]

と表示されます．

● セルフ・テスト

　次に[Calibration complete]の画面を2回タッチして表示したメニューの[SELF TEST]
をタップします．セルフ・テストが終了したら測定パネルをタッチして，電源ONのとき
のデフォルト表示に戻します．

　それでは，実際の初期設定の手順を詳しく追っていきましょう．

● LOW入力モードのレベル・キャリブレーション

　HIGH端子から出力されるキャリブレーション用のCAL信号は，周波数は30MHz，出

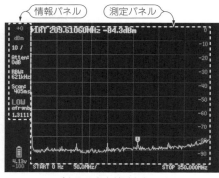

情報パネル　測定パネル

パネルの中央付近をタッチ
（a）電源ONのデフォルト画面

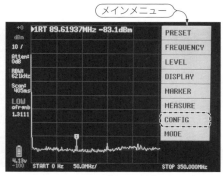

メインメニュー

メインメニューの[CONFIG]をタップ
（b）CONFIG

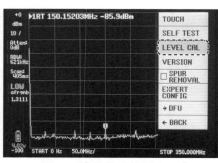

メニューの[LEVEL CAL]をタップ
（c）LEVEL CAL

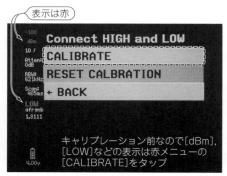

表示は赤

キャリブレーション前なので[dBm],
[LOW]などの表示は赤メニューの
[CALIBRATE]をタップ

（d）CALIBRATE

図2-2　LOW入力モードのレベル校正

力レベルは－25dBmです．この信号をLOW端子に入力してレベル校正します．

　まず電源スイッチをONにして，**図2-2(a)**の画面表示になったらエージングのため数分間待ちます．キャリブレーションが終了するまでは，画面左側の情報パネルの[dBm]，[LOW]等の表示が赤色になっています．

① パネルの中央付近をタッチすると，**図2-2(b)**のようにメインメニュー[Main Menu]の表示になる

② レベル・キャリブレーションをするには，メインメニューの[CONFIG]をタップ

③ 表示した**図2-2(c)**のメニューの[LEVEL CAL]をタップ

④ **図2-2(d)**のような表示になるので，メニューの[CALIBRATE]をタップ

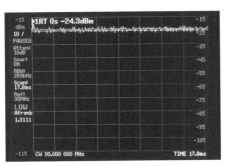

表示は白または緑に

キャリブレーション途中の表示
（e）キャリブレーションの途中

キャリブレーションが正常に終了し[dBm]，[LOW]
などの表示が赤から白または緑に
（f）キャリブレーション終了

⑤ レベル・キャリブレーションが始まり，**図2-2(e)**から**図2-2(f)**の表示になり，画面左側の"dBm"，"LOW"等の表示が赤から白または緑に変わります．これでレベル・キャリブレーションは正常に終了

⑥ パネルをタッチして，**図2-2(a)**のような画面表示に戻しておく

なおtinySAの仕様によると，レベル・キャリブレーション後の精度は±2dB以下です．

● セルフ・テスト

次にセルフ・テストをします．

① 測定パネルをタッチ

② **図2-3(a)**のようなメニュー表示になるので，[SELF TEST]をタップ

③ セルフ・テストが始まり数秒後に**図2-3(b)**の表示になり，[Test 1]から[Test 12]までが緑の表示になったらセルフ・テストは正常に終了

④ パネルをタッチして，**図2-3(c)**のデフォルト画面に戻す

● 入力電力レベルの測定精度

レベル・キャリブレーションおよびセルフ・テスト後のレベルの精度を測定してみました．周波数1MHzと100MHzでは測定レベル－80 ～ 0dBmのときの誤差は±1dB以下で，周波数300MHzでの誤差は±2dB以下となりました．スペクトラム・アナライザとして十分実用になる精度といえます．

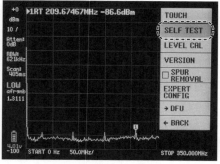

パネルをタッチして表示したメニューの
[SELF TES]をタップ

（a）セルフテスト開始

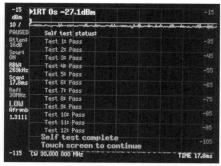

正常にセルフテストが終了すると
[Test1]から[Test11]の緑で表示になる

（b）セルフテスト終了

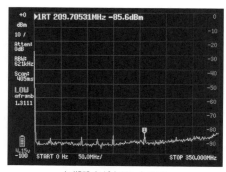

初期設定が完了した画面

（c）デフォルトの画面に戻る

図2-3
セルフ・テスト

LOW入力モードで測定

　tinySAの電源をONにすると，デフォルトは測定周波数が0.1M 〜 350MHz，LOW 入力モード（Low Input Mode）のスペクトラム・アナライザで動作します．

　このスペクトラム・アナライザの動作を試すには，発振周波数0.1M 〜 350MHzの信号源が必要です．ここでは信号源としてFM放送波を利用することにしました．ただFM（frequency modulation：周波数変調）波は搬送波の周波数を変化させているため，スペクトラム・アナライザの表示が常に変動します．本来ならSSG（standard signal generator：標準信号発生器）のような安定した信号源を使うべきでしょう．

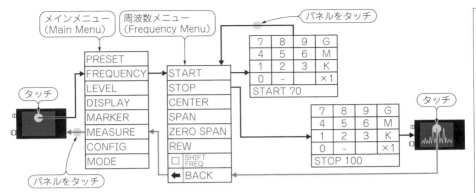

図2-4　周波数設定の流れ
測定周波数を70M 〜 100MHzにする設定の流れ．パネルをタッチして，[FREQUENCY]→[START]→
[70M]の順にクリックしてスタート周波数を70MHzに．次にパネルをタッチして，[STOP]→[100M]の
順にクリックしてストップ周波数を100MHzにする

　FM放送の電波を受信することにしたので，LOW端子に付属のロッドアンテナを接続
します．ロッドアンテナを最大に伸ばしてFM放送波を受信しても信号レベルが不足する
こともあります．そのときは，ロッドアンテナの先にクリップ付コードを接続して，アン
テナを長くしてみてください．こうすると信号レベルが強くなると思います．

● 周波数設定の流れ
　デフォルトの測定周波数0.1M 〜 350MHzを70M 〜 100MHzに変更します．
　図2-4は周波数設定の流れです．
　パネルをタッチして，[FREQUENCY]→[START]→[70M]の順にタップすると測定周
波数の下限が70MHzになります．
　次にパネルをタッチして，[STOP]→[100M]の順にタップすると測定周波数の上限が
100MHzになります．パネルをタッチ→[BACK]をタップ→パネルをタッチすると，デフ
ォルトの画面に戻ります．
　それでは，実際の周波数設定の手順を詳しく追っていきましょう．

● 測定周波数を70M 〜 100MHzに設定する
　デフォルト画面は，**図2-5(a)**のようにパネルの下側に[START 0Hz]と[STOP 350
MHz]の表示なので，表示では測定周波数が0 〜 350MHzということです．また[50.0

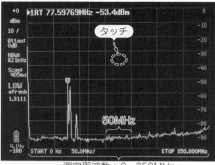

測定周波数：0〜350MHz
パネルをタッチ
（**a**）デフォルトの画面表示

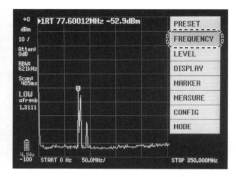

メニューの[FREQUENCY]をタップ
（**b**）FREQUENCY

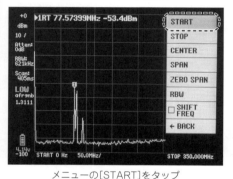

メニューの[START]をタップ
（**c**）周波数：START

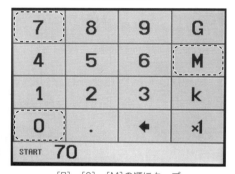

[7]→[0]→[M]の順にタップ
（**d**）測定周波数下限の70MHzを設定

図2-5　測定周波数を70M 〜 100MHzに設定

MHz/]の表示は，周波数軸になる横軸の1目盛りが50MHzということです．

　では，測定周波数を70M 〜 100MHzに設定してFM放送を受信してみます．FM放送の
周波数帯域は76.1M 〜 94.9MHzなので，その周波数範囲で数局の電波が確認できます．

① 最初は**図2-5(a)**のデフォルト表示の画面なのでパネルをタッチ

② **図2-5(b)**のようなメニュー表示になるので，[FREQUENCY]をタップ

③ **図2-5(c)**のようなメニュー表示になるので，[START]をタップ

④ すると**図2-5(d)**のようなキーパッド表示になるので，スタート周波数になる70MHz
を，[7]→[0]→[M]の順にタップして入力

⑤ **図2-5(e)**のように，測定周波数が70M 〜 350MHzになったのを確認し，パネル画面をタッチ

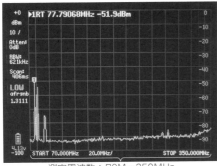

測定周波数：70M〜350MHz

（e）測定周波数が70M〜350MHzに

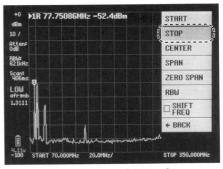

メニュー[STOP]をタップ

（f）周波数：STOP

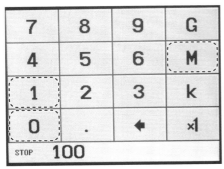

[1]→[0]→[0]→[M]の順にタップ

（g）測定周波数上限の100MHzを設定

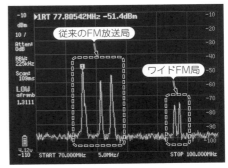

FM放送局の電波を確認

（h）測定周波数70M〜100MHz

⑥ すると図2-5（f）のようなメニュー表示になるので[STOP]をタップ

⑦ 図2-5（g）のようなキーパッド表示になるので，ストップ周波数になる100MHzを，[1]→[0]→[0]→[M]の順にタップ

⑧ 測定周波数は70M 〜 100MHzになり，図2-5（h）のようにFM放送帯の周波数スペクトルが表示される

　デフォルト画面に戻すには，パネルをタッチして図2-5（f）の画面になったらメニューの[BACK]をタップ，すると図2-5（b）の画面表示になるのでパネルをタッチします.

　ここでジョグダイヤル・スイッチの操作で測定周波数の下限を70MHzに設定してみます.

① ジョグダイヤル・スイッチを押す

② ジョグダイヤル・スイッチを回して[FREQUENCY]を選びスイッチを押す

③ ジョグダイヤル・スイッチを回して[START]を選びスイッチを押す

④ ジョグダイヤル・スイッチを回して[7]を選びスイッチを押す．同様に[0]→[M]の順に選び，スイッチを押してスタート周波数になる70MHzを入力する

マーカーを使った周波数と信号レベルの測定

tinySAにはマーカー[MARKER]機能があるので，マーカーで周波数と信号レベルを測定することができます．

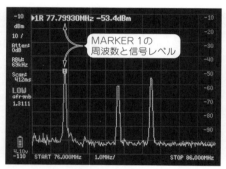

デフォルトの[MARKER 1]で周波数と信号レベルが測定できる．測定周波数を76M〜80MHzに設定

（a）マーカーで測定

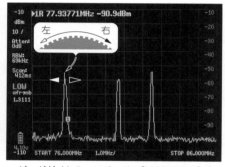

ジョグダイヤル・スイッチで[MARKER 1]が移動できる

（b）マーカーを移動

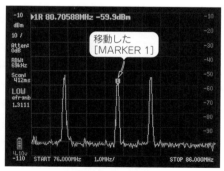

移動した[MARKER 1]

測定周波数が約80.7MHzのときの出力レベルは−59.9dBmになった

（c）80.7MHz の信号のレベルを測定

図2-6
マーカーで信号レベルと周波数を測定

● マーカー1で周波数と信号レベルを測定

デフォルトで設定されている[MARKER 1]で,周波数と信号レベルを測定してみます.

このままではマーカーの位置がわかりにくいので,周波数帯域をもう少し狭くして,2〜3局のFM放送局が確認できる範囲に設定して測定します(この例では76M〜86MHz).地域によってFM放送局の周波数が異なるので,実際に受信してみて周波数帯域を狭めてみてください.

デフォルトでは,**図**2-6(a)のように"MARKER 1"は最大レベルの信号を測定します.そして[MARKER 1]の測定周波数は,ジョグダイヤル・スイッチで変更が可能です.ジョグダイヤル・スイッチを右(時計方向)に回すと**図**2-6(b)のように周波数の高い方へ,逆に左(逆時計方向)へ回すと周波数の低い方に移動します.

そこで**図**2-6(c)のようにジョグダイヤル・スイッチを右に回して,マーカーの位置を80.7MHzに移動してみました.そのときの出力レベルは−59.9dBmと読めます.

● マーカー2設定の流れ

tinySAでは計4つのマーカーを設定できます.ここでは[MARKER 2]を設定しますが,マーカー3やマーカー4の設定も同じ流れになります.

図2-7は,マーカー2設定の流れです.

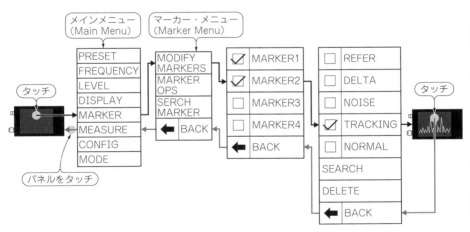

図2-7　マーカー2の設定の流れ
パネルをタッチして,[MARKER]→[MODIFY MARKERS]→[MARKER2]→[TRACKING]の順にタップ.
デフォルト画面に戻すにはパネルをタッチして,[BACK]→[BACK]→[BACK]の順にタップしてからパネルをタッチする

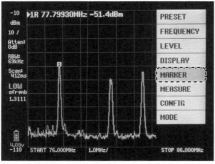

メインメニューの[MARKER]をタップ
(a) MARKER

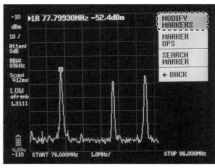

マーカー・メニューの[MODIFY MARKERS]を
タップ
(b) MODIFY MARKERS

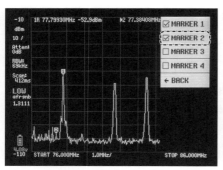

メニュー[□ MARKER 2]をタップしてチェック
(✓)を入れる
(c) MARKER 2を選択

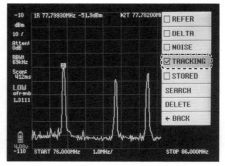

[□ TRACKING]をタップしてチェックを入れる.
[MARKER 2]はレベルが2番目の信号に追従する
(d) TRACKING

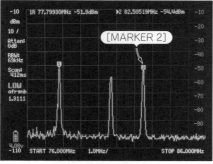

図2-8
マーカー2の設定

レベルが2番目の信号の周波数は≒82.5MHz
(e) "MARKER 2"は周波数82.5MHzに

メインメニューから[MARKER]→[MODIFY MARKERS]→[MARKER 2]→[TRACKING]
の順にタップすると，[MARKER 2]は2番目に大きい信号波を測定することになります．

"MARKER 2"を設定したあとにパネルをタッチすればメニュー表示は消えます．

デフォルトに戻すにはパネルをタッチして，[BACK]→[BACK]→[BACK]の順にタップしてからパネルをタッチします．

それでは，実際のマーカー2の設定の手順を詳しく追っていきましょう．

● マーカー2を設定して測定

先ほどと同じように測定周波数を76M～86MHzとして，マーカー2の設定を進めます．

① 図2-8(a)のメインメニューの[MARKER]をタップする

② すると図2-8(b)のようなメニュー表示になるので[MODIFY MARKERS]をタップ

③ 図2-8(c)のメニューの[□MARKER 2]をタップすると□にチェック(✓)が入る

④ 図2-8(d)のように表示されたメニューの[□TRACKING]をタップすると□にチェック
(✓)が入る．[TRACKING]にチェックを入れることで，[MARKER 2]はレベルの大きさが2番目の信号を測定する

⑤ 図2-8(e)のように，[MARKER 2]の測定値は"▼2 82.50519MHz −54.4dBm"なので，周波数は約82.5MHzで信号レベルが−54.4dBmということになる．また"MARKER 1"の測定値は"1R 77.79930MHz −51.9dBm"なので，周波数約77.8MHzで信号レベルが−51.9dBmということになる

HIGH入力モードの初期設定

LOW入力モードとHIGH入力モードの信号の流れは別系統です．したがってHIGH入力モードで使うときも最初にレベル・キャリブレーションが必要です．HIGH入力モードの周波数は240M～950MHzなので，この周波数帯に対応する校正用発振器が必要になります．

ここでは校正用発振器をSSG(standard signal generator：標準信号発生器)としましたが，第4章で製作する校正用のCAL発振器でレベル・キャリブレーションすることも可能です．もちろん正確なSSGで校正したほうがよいです．

まずSSGの出力端子とtinySAのHIGH端子を付属のSMAケーブルで接続します．

● レベル・キャリブレーションの流れ

HIGH入力モードでは，入力レベルが−29dBm以上になるとレベル・オーバになりま

す．レベル・オーバにならないように，SSGの出力レベルを−35dBmに，周波数は500MHzとしました．それではSSGの信号をHIGH入力モードで測定し，tinySAの表示が−35dBmになるように補正してみます．

図2-9は，レベル・キャリブレーションの流れです．まずSSGの信号レベルを測定します．パネルの中央付近をタッチして，[MODE]→[Switch to HIGH in]の順にタップして

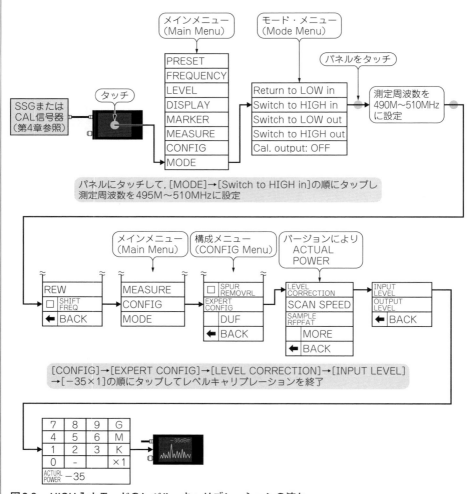

図2-9　HIGH入力モードのレベル・キャリブレーションの流れ

HIGH入力モードにします．次に測定周波数を490M～510MHzに設定してから，パネルをタッチ→[BACK]をタップしてメインメニューに戻します．

次にメインメニューから[CONFIG]→[EXPERT CONFIG]→[LEVEL CORRECTION]→[INPUT LEVEL→[-35][×1]の順にタップしてレベル・キャリブレーション終了です．

それでは，レベル・キャリブレーションの手順を詳しく追っていきましょう．

● SSGのレベルをtinySAで読む

まず電源スイッチをONにして，エージングのため数分待ちます．

① HIGH入力モードにするには，パネルをタッチして表示したメインメニューの[MODE]

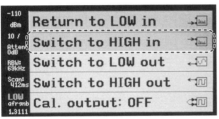

[Switch to HIGH in]をタップして
HIGH入力モードにする
（a）HIGH入力モードにする

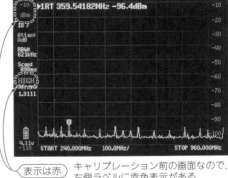

表示は赤　キャリブレーション前の画面なので，
左側ラベルに赤色表示がある
（b）HIGH入力モードの画面

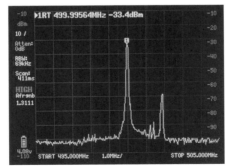

図2-10
HIGH入力モードSSG
の出力レベルを測定

測定周波数は495M～505MHz
SSGの出力信号-35dBmが-33.4dBmに
（c）SSGの信号のレベルを読む

をタップ．すると**図2-10(a)**の画面になるので，メニューの[Switch to High in]をタップ

② キャリブレーション前なので，**図2-10(b)**のように[－10][dBm][HIGH]等のラベルが赤く表示される

③ 測定周波数を495M～505MHzにする

パネルをタッチして表示されたメインメニューの[FREQUENCY]をタップし，[START]→[4]→[9]→[5]→[M]の順にタップ．そしてパネルをタッチし[STOP]→[5]→[0]→[5]→[M]の順にタップ．

④ すると**図2-10(c)**の画面になる．500MHzのCAL信号のレベルを"MARKER 1"で読むと－33.4dBmになった

基準のCAL用信号器の出力レベルは－35dBmなので誤差は－1.6dBです．次にレベルを補正をします．

● レベルの補正値を入力

① パネルをタッチして表示したメニューの[BACK]をタップ．メインメニューに戻るのでメニューの[CONFIG]をタップ

② すると**図2-11(a)**のメニュー表示になるので，[EXPERT CONFIG]をタップ

③ **図2-11(b)**のメニューになったら[LEVEL CORRECTION]をタップ

なおバージョンによっては[ACTURL POWER]の表示になるが，[ACTURL POWER]をタップすると⑤のテンキー表示になる．

④ **図2-11(c)**の画面になったら[INPUT LEVEL]をタップ

⑤ するとテンキー表示になるので，**図2-11(d)**のように[-]→[3]→[5]→[×1]の順にタップ

⑥ キャリブレーションが終了し，**図2-11(e)**のスペクトラム・アナライザ画面になる．このとき左側のラベルが赤から白に変わっていることを確認する

レベル・キャリブレーションで補正されたので，CAL用信号器の出力レベルは正しい表示の－35dBmになっています．

HIGH入力モードで測定

HIGH入力モードの測定は，LOW入力モードの測定とほぼ同じような操作になります．tinySAのHIGH入力モードでは，LOW入力モードにあった入力側のATTやフィルタはなく，受信機そのものを利用したスペクトラム・アナライザとなっています．また入力インピーダンスも周波数で変化します．

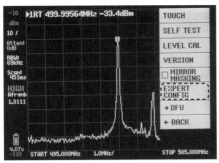

「パネル」をタッチ→[BACK]をタップして表示した
メインメニューの[CONFIG][EXPERT CONFIG]
の順にタップ

（a）EXPERT CONFIG

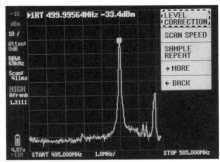

[LEVEL CORRECTION]をタップ. バージョンに
より[ACTURLPOWER]になる

（b）LEVEL CORRECTION

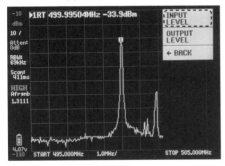

[INPUT LEVEL]をタップ

（c）INPUT LEVEL

テンキー表示になるので，[－]→[3]→[5]→[×1]
の順にタップ

（d）テンキーで校正レベルを入力

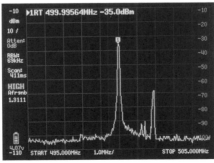

図2-11
レベルの補正値を入力

補正されたので，レベルが－35dBmになった左側
のラベルは赤から白に変わる

（e）キャリブレーション終了

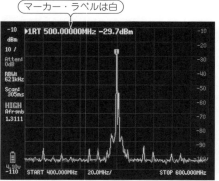
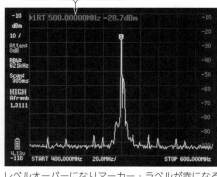

マーカー・ラベルは白になり，信号レベルの測定値
もほぼ正確

レベルオーバーになりマーカー・ラベルが赤になる

（a）入力信号レベルは－30dB

（b）入力信号レベルは－29dB以上

デフォルトのATTは0dB．入力信号の周波数は500MHz

図2-12　HIGH入力モード（ATT ＝ 0dB）

　ここではHIGH入力モードでの測定の概要を知っておくために，SSGから周波数500
MHzの信号を加えて，測定精度を確かめてみます．

● ATTが0dBのときの入力信号レベル

　HIGH入力モードでは，ATTの役目をするのは受信用ICの内部動作になります．ATT
の値は，デフォルトの設定では0dBです．

　図2-12（a）は－30dBの信号を加えたときの測定画面です．測定値は－29.7dBなのでほ
ぼ正確な値といえます．

　信号レベルを－40dBmあたりから徐々に大きくしていき－29dBmを超えるとレベル・
オーバになり，図2-12（b）のように上部のマーカー・ラベルが赤くなります．つまり測定
可能な信号レベルは－29dBm以下ということです．

● ATTが22.5 ～ 40dBのときの測定値

　レベルの大きい信号を測定すためには，次の手順で受信用ICの内部ATTを22.5 ～ 40dB
に設定します．

　図2-13（a）のようにメインメニューを表示し，[LEVEL]→[ATTENUATE]→[22.5 ～
40dB]の順にタップします．

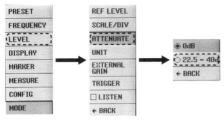

メインメニューから[LEVEL]→[ATTENUATE]→
[22.5−40dB]の順にタップ．ATTは周波数により
22.5〜40dBに

（a）ATTの設定

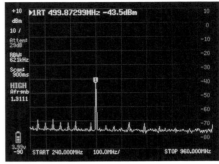

−35dBmの信号を測定したら−43.5dBmなので誤
差は−8.5dBもある
（b）−35dBmの信号を測定

図2-13　ATTを22.5 〜 40dBに設定して測定

　SSGの出力レベルを−35dBmにして測定してみます．図2-13（b）のようにtinySAの信
号レベルを読むと−43.5dBmなので誤差は−8.5dBにもなりますが，tinySAのHIGH入力
モードの仕様によると，ATTを設定したときの誤差は±10dBなので，誤差の範囲内とい
うことになります．

　共振回路の特性測定のように相対的なレベル差を求める測定にはなんとか使えそうです
が，信号レベルの測定時は気を付けなければなりません．

LOW出力モードの信号発生器

　LOW出力モードは，出力周波数100k 〜 350MHzの正弦波発振器です．出力レベルは，
−76 〜 −7dBmの範囲で0.1dBステップ（バージョンにより1dBステップ）で設定できま
す．ただし仕様によるとレベル精度は±2dBです．またAM波もしくはFM波を発生する
こともできます．

● LOW出力モードに設定

　tinySAをLOW出力モードに設定します．
① 図2-14（a）のメインメニューの[MODE]タップ
② 図2-14（b）のモード・メニューになるので，［Switch to LOW out］をタップ
③ すると図2-14（c）のデフォルトの設定が表示されるので[Low OUTPUT OFF]をタップ

[MODE]をタップ
（a）メインメニュー

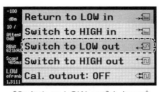

[Switch to LOW out]をタップ
（b）モード・メニュー

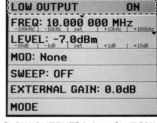

[LOW OUTPUT]をタップしてONに
（c）出力をON

図2-14　LOW出力モードに設定

して[LOW OUTPUT ON]にする

　図2-15（a）はLOW出力モードのデフォルトで設定されている出力信号のオシロスコープ波形です．正弦波で周波数10MHz，出力レベル−7dBmです．またスペクトラム・アナライザで測定すると，図2-15（b）のように基本波10MHzの信号レベルが−6.19dBm，第3高調波30MHzが−41.5dBmでした．デフォルトの出力レベル−7dBmと多少の誤差はありますが，SG（signal generator：信号発生器）としては役に立ちそうです．

● LOW出力モードでＦＭ波を発射

　LOW出力端子からFM波を発射してFMラジオで受信してみます．

▶出力周波数を85.3MHzに設定

　周波数を85.3MHzに設定しますが，地元のFM放送局と重ならない周波数を選ぶようにします．

① 図2-16（a）の信号発生器の設定メニューから，[FREQ]の中央の小文字[set]をタップ
② 図2-16（b）のキーパッド表示になるので，[8]→[5]→[.]→[3]→[M]の順にタップすると出力周波数は85.3MHzになる

　なお[FREQ]の小文字の［−100k］〜［+100k］をタップすると，周波数を±100kHzの範囲で変えることができます．

▶出力レベルを−10dBmに設定

① 図2-16（a）のメニューから，[LEVEL]中央の小文字[set]をタップ
② 図2-16（c）のキーパッド表示になるので，[-]→[1]→[0]→[×1]の順にタップすると出力レベルは−10dBmになる

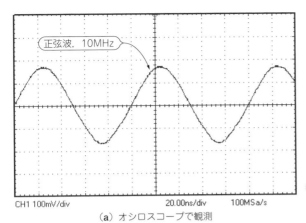

CH1 100mV/div　　　　　　　20.00ns/div　　100MSa/s

デフォルトは周波数10MHz

(a) オシロスコープで観測

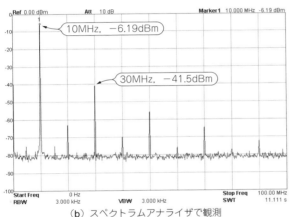

10MHzのレベルが−6.19dBm,
第3高調波の30MHzが−41.5dBm

(b) スペクトラムアナライザで観測

図2-15　LOW出力モードの出力信号をオシロスコープとスペクトラム・アナライザで測定

　なお[LEVEL]の小文字の[−10dB]〜[＋10dB]をタップすると出力レベルを±10dBの
範囲で変えることができます.

▶ジョグダイヤル・スイッチで設定

　小文字表示の[set]などは小さすぎてタップしにくいので, ジョグダイヤル・スイッチ
で設定してみます. たとえば出力周波数の設定は,

① ジョグダイヤル・スイッチを回して[FREQ]を選択してジョグダイヤル・スイッチを押す

② キーパッド表示になるので, ジョグダイヤル・スイッチを回して[8]を選択してジョグ

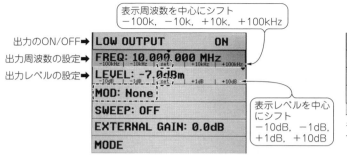

表示周波数を中心にシフト
−100k，−10k，+10k，+100kHz

出力のON/OFF➡ LOW OUTPUT　　　ON
出力周波数の設定➡ FREQ: 10.000.000 MHz
出力レベルの設定➡ LEVEL: −7.0dBm
MOD: None
SWEEP: OFF
EXTERNAL GAIN: 0.0dB
MODE

表示レベルを中心
にシフト
−10dB，−1dB，
+1dB，+10dB

[FREQ]中央の小文字[set]をタップ
（a）信号発生器の設定メニュー

CENTER 85.3

キーパッドの[8]→[5]→[.]
→[3]→[M]を順にタップ
（b）出力周波数を
85.3MHzに

OUTPUT LEVEL −10

キーパッドの[−]→[1]→
[0]→[×1]を順にタップ
（c）出力レベルを−10dBmに

MODULATION
無変調➡ ● None
AM変調➡ ○ AM
ナローFM➡ ○ Narrow FM
ワイドFM➡ ○ Wide FM
外部変調➡ ○ External
信号波の周波数➡ FREQ:　5000Hz
← BACK

（d）変調設定のメニュー

MODULATI FREQ 100 0

キーパッドの[1]→[0]→[0]
→[0]→[×1]を順にタップ
（e）信号波の周波数を設定

図2-16　FM放送帯に設定
LOW出力をFM放送帯に設定してFM波を発射してみる

LOW OUTPUT　　　ON
FREQ: 85.300 000 MHz
LEVEL: −10.0dBm
MOD: 1.000kHz WFM
SWEEP: OFF
EXTERNAL GAIN: 0.0dB
MODE

周波数85.3MHzのFM波，信号波の
周波数は1000Hz
（f）設定したメニュー

ダイヤル・スイッチを押す．同様に[5]→[.]→[3]→[M]の順にジョグダイヤル・スイ
ッチで設定

▶変調をかける

信号波1000HzのFM波に設定してFMラジオで受信してみます．

① 図2-16(a)の信号発生器の設定メニューの[Mod: None]をタップ

② すると図2-16(d)の[MODULATION]のメニュー表示になるので,[FREQ: 5000Hz]を
タップ

③ 図2-16(e)のように表示したキーパッドで,[1]→[0]→[0]→[0]→[×1]の順にタップ
して信号波の周波数を1000Hzにする

④ 図2-16(d)のメニュー表示に戻るので[Wide FM]をタップ

　図2-16(f)は設定変更したメニューの表示です.ここでtinySAのLOW端子に付属のロ
ッドアンテナを接続して電波を発射してみます.FMラジオの受信周波数を83.5MHzにし
てtinySAのアンテナに近づけると,ラジオから1000Hzの信号波が聞こえFM波が発射さ
れていることがわかります.

● LOW出力モードでAM波を発射

　LOW出力モードの信号発生器を,図2-17(a)のようにAM放送帯の搬送波1500kHz,
信号波3000Hzに設定してみました.設定の手順は図2-16を参考にしてください.

　図2-17(b)は,LOW端子にスペクトラム・アナライザを接続してAM波を測定したスペ
クトルです.発射されたAM波は中波帯のラジオで受信できるので確認してみてください.

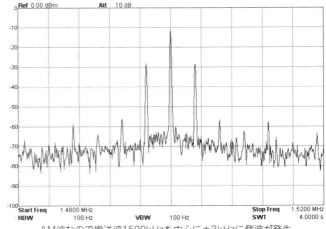

LOW OUTPUT	ON
FREQ: 1.500 000 MHz	
LEVEL: -10.0dBm	
MOD: 3.000kHz AM	
SWEEP: OFF	
EXTERNAL GAIN: 0.0dB	
MODE	

周波数1500kHzのAM波
信号波の周波数は3000Hz
(a) AM波の設定

AM波なので搬送波1500kHzを中心に±3kHzに側波が発生
(b) AM波のスペクトル

図2-17　AM放送帯に設定
LOW出力をAM放送帯に設定してAM波を発射してみる

HIGH出力モードの信号発生器

HIGH出力モードは，出力周波数240M～960MHzの矩形波発振器です．出力レベルは－38dBm～＋16dBmの範囲を0.1dBステップ（バージョンにより1dBステップ）で設定できます．ただし仕様ではレベル精度は±2dBです．FM波も発生することができます．

設定はLOW出力モードとほぼ同じで，メインメニューの[MODE]→[Switch to HIGH out]の順にタップして，表示したメニューで周波数，出力レベル，変調などの設定ができます．

HIGH出力モードのデフォルトで設定されている波形は，図2-18(a)のように周波数300MHz，出力＋16dBmの矩形波です．また図2-18(b)は，デフォルトの波形をスペクトラム・アナライザで測定したものです．矩形波なので高調波成分だらけですが，信号発生器として使うこともできます．

以上がtinySAの基本的な使い方です．数十万円する測定器に比べると性能は落ちますが，持ち歩きできる小型のスペクトラム・アナライザ＋発振器として役に立ちます．

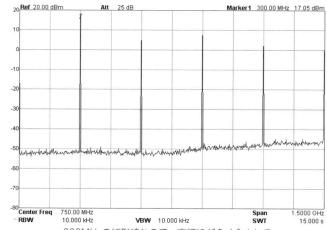

出力信号は周波数300MHz，
出力＋16dBmの矩形波
（a）デフォルトの設定

300MHzの矩形波なので，高調波が多く含まれる
（b）スペクトラム・アナライザで測定

図2-18　HIGH出力モードの信号

SGの出力レベル表示

tinySAはSG(signal generator：信号発生器)にもなります．SGの出力レベル表示は
dBmやdBμで表示されています．

dBmは電力表示なので，下の図(a)のようにSGの出力端に$Z_L = 50\,\Omega$の負荷を接続し
てインピーダンス・マッチングをとったときの値です．

dBμは電圧表示で，下の図(b)のようにSGの出力端に何も接続しない開放のときの
値です．したがって出力端に$Z_L = 50\,\Omega$の負荷を接続してインピーダンス・マッチング
をとったときの出力電圧は1/2になるので，SGの出力レベル表示よりも6dB低い値に
なります．

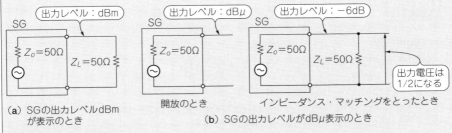

(a) SGの出力レベルdBm
   が表示のとき

開放のとき

インピーダンス・マッチングをとったとき

(b) SGの出力レベルがdBμ表示のとき

SGの出力レベル表示
SGの出力レベル表示にはdBmとdBμがあり，dBmはSG出力端がインピーダンス・マッチングのとき
の値で，dBμはSGの出力端が開放のときの値

tinySAのコピー品に注意

tinySAは通販サイトで7,000 ～ 13,000円（税抜き）で販売されていますが，困ったことに多くのコピー品が出回っています．同じ通販サイト内でも正規品とコピー品が売られているので，購入したらコピーだったいうこともあり得ます．

正規品の購入先の目安になるのは，公式サイトのホームページ(https://www.tinysa.org/wiki/)の情報です．ホームページ上で，下の図(a)のように"Where to buy"をクリックします．

Recent Changes -

HomePage
【クリック】
Where to buy
First use
Screen Info
Model comparison
tinySA Basic

Main /
HomePage

Welcome to the tinySA® wiki!

(a) ホームページ上の"Where to buy"をクリック

Main /
Buying the tinySA

View Edit History Print

Safe places to buy an original tinySA ← 正規品の通販サイト

- **Zeenko store on Alibaba.com**. Other sellers on Alibaba may sell bad clones. For other payment methods, such as Paypal, hit the "chat now" button and Maggie from the Zeenko store will help you. At the right top of the browser window there should be "my messages" where you will have a better overview of your messages
- **Zeenko store on AliExpress**. This is the factory store, guaranteed to deliver genuine tinySA. Other sellers on aliexpress may sell bad clones. To be sure you get a good product only buy from Zeenko store on AliExpress.
- **R&L Electronics** in the USA. When the tinySA is listed as "out of stock" R&L can still take you order and only charge your credit card when the product is available again (which should be in a few weeks).
- **Eleshop** in Europe
- **Switch Science** in Japan
- **Taobao** in China
- **1688** in China
- **Mirfield Electronics** in the UK.
- **astroradio** in SPAIN
- **Neven** in Central and Eastern Europe
- Aursinc on Amazon
- SeeSii store on Amazon

(b) 正規品の購入先情報

購入先を調べる

そうすると左の図(b)のように"Buying the tinySA"として，正規品の通販サイトが表示されます．また下の図(c)の"Be aware of bad performing illegal copy products."にはコピー品の販売先が表示されます．正規品かコピー品かの見分け方の情報もありますが，見分けるためには買ってみないとわからないので困ったものです．

コピー品の中には，セルフ・テストが通らないものもあるので，正規品かコピー品かの判断材料の1つになります．参考までに，下の図(d)はコピー品でセルフ・テストをしたら途中で"Test 7"で止まってしまった例です．

Be aware of bad performing illegal copy products. ◀──〈コピー品の販売先〉

Much effort went into the tinySA to ensure accurate measurements over the entire frequency range. This is however only possible when using the original high quality components. Clones use lower quality components with incorrect reverse engineered component values and because of this the clones have a far worse performance. Unless you can compare the tinySA to another good spectrum analyzer you will not be able to detect the bad performance of a clone.

The following sellers have sold at least one illegal clone:
- Navplus on eBay
- ahken-81 on eBay
- ideafoxtrot on eBay
- KKmoon on Amazon
- Shop910459103 on AliExpress
- ahken-81 on AliExpress
- Feature Tools on AliExpress
- Tool-box Store on AliExpress
- Good Home-Accessories for you Store on AliExpress
- Tools & Instruments Factory Store on AliExpress
- Tools & Meter Store on AliExpress
- tomtop.com
- Banggood has removed almost all references to the tinySA trademark and is now only selling clones.

(c) コピー品の販売先情報

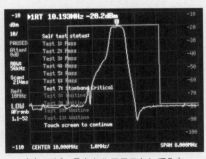

セルフテスト途中の
"Test 7"で停止

(d) コピー品をセルフテストしてみた

増幅度と利得

　増幅度（amplification）とは，右の図(a)のように増幅回路の入力信号と出力信号の比になります．一般に直流増幅回路や低周波増幅回路では電圧の比で表す電圧増幅度A_vで，高周波増幅回路では電力の比で表す電力増幅度A_pが用いられ，次の式で表します．

電圧増幅度　$A_v = \dfrac{V_o}{V_i}$

電力増幅度　$A_p = \dfrac{P_o}{P_i}$

　ところで，増幅度や信号の大きさを対数表示したものを利得（gain）と呼びデシベルで表示します．また表示方法には，次のような3種類があります．

● 相対レベル[dB]で表示する

　入力信号と出力信号の比を対数表示したものです．

電圧利得　$G_v = 20 \log \dfrac{V_o}{V_i}$　[dB]

電力利得　$G_p = 10 \log \dfrac{P_o}{P_i}$　[dB]

● 絶対レベル[dBm]で表示する

　基準になる信号を1mWとした表示方法です．基準値P_bが1mWなので，たとえばP = 100mWをdBm表示すると，

$$G_p = 10 \log \frac{P}{P_b} = 10 \log \frac{100}{1} = 20 \text{dBm}$$

　です．

● 絶対レベル[dBμ]で表示する

基準になる信号を1μVとした表示方法です．基準値V_bが1μVなので，たとえばV＝10mVをdBμ表示すると，

$$G_v = 20\log\frac{V}{V_b} = 20\log\frac{10000}{1} = 80\text{dB}\mu$$

です．

下の図(b)は，3つのデシベル表示についてまとめたものです．

入力電圧 V_i[V] → | 増幅回路(Amp) 増幅度 A | → 出力電圧 V_o[V]　　電圧増幅度 $A_v = \dfrac{V_o}{V_i}$

入力電力 P_i[W] → | 増幅回路(Amp) 増幅度 A | → 出力電力 P_o[W]　　電力増幅度 $A_p = \dfrac{P_o}{P_i}$

直流増幅回路や低周波増幅回路では電圧増幅度A_vで，高周波増幅回路では電力増幅度A_pで表すことが多い

(a) 増幅度

表示方法	単位	式
相対レベル	dB	$G_v = 20\log\dfrac{V_o}{V_i}$ [dB] $G_p = 10\log\dfrac{P_o}{P_i}$ [dB]
絶対レベル 1mWを0dB	dBm	$G_p = 10\log\dfrac{P}{1\text{mW}}$ [dBm]
絶対レベル 1μVを0dB	dBμ	$G_v = 20\log\dfrac{V}{1\mu\text{V}}$ [dBμ]

利得には3種類の表示方法がある．
相対レベルは増幅度を対数表示した値で，
絶対レベルは基準値をもとにして対数表示した値

(b) 利得の表示方法

増幅度と利得
増幅度や信号の大きさを対数表示したものを利得(ゲイン)と呼び，デシベルという単位で表示

第3章

tinySAで測定　PC制御編

　tinySA を PC(パソコン)に接続すると，PC で操作でき，単体で使っている時よりもさらに便利に使えるようになります．
　この章では，PC に接続して tinySA を PC で操作する方法を説明します．PC に接続することで，小さい tinySA 本体の画面が PC のディスプレイで表示できるので，とても見やすくなります．さらにマウスが使えるようになるので，操作性が格段に向上します．
　なお説明は tinySA が LOW 入力モードの状態で進めていきますが，HIGH 入力モードでも，ほぼ同じような操作です．

PC制御アプリをダウンロード

　最初に，tinySAのホームページから，tinySAをパソコン(PC)で制御するアプリtinySA-Appをダウンロードします．

● ダウンロードの方法
　次の手順で，ファイルをダウンロードしてPCにインストールします．

tinySAのホームページ

https://www.tinysa.org/wiki/

ここにアクセスすると，図3-1(a)の表示になります．
① 図3-1(a)のホームページの左側にあるメニューの[PC control]をクリック
② 図3-1(b)のPC controlの表示になるので，スペクトラム・アナライザ画面の下にある
http://athome.kaashoek.com/tinySA/Windows/ をクリック
③ 図3-1(c)の[Index of /tinySA/Windows]表示になるので，PC制御アプリのtinySA-App.exe をクリックするとダウンロードを開始して一瞬で終了
④ デフォルトでは，ダウンロードしたファイルは[ダウンロード]フォルダに保存されるので，Windowsのホーム画面のタスク・バーにある[エクスプローラー]をクリックして表示されたメニューの[ダウンロード]をクリック．すると図3-1(d)のようにアプリtinySA-App がダウンロードされていることが確認できる
⑤ 次にアプリtinySA-Appのファイルをダブルクリックすると，図3-1(e)のtinySA-App

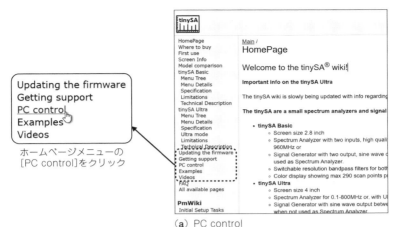

ホームページメニューの
[PC control]をクリック

（a）PC control

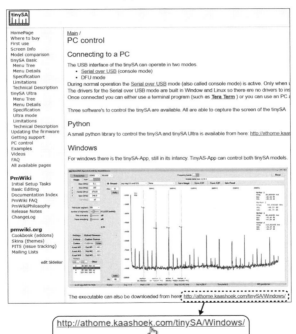

http://athome.kaashoek.com/tinySA/Windows/

（b）ダウンロードサイトのアドレス

図3-1　PC コントロールアプリをダウンロード
tinySA のホームページから [tiny-SA-App.exe] をダウンロード

Index of /tinySA/Windows

	Name	Last modified	Size	Description
←	Parent Directory		-	
📁	Drivers/	2021-06-05 08:35	-	
📄	live.csv	2023-05-26 10:11	37	
?	live.s2p	2020-12-06 19:00	59K	
📄	tinySA-App.exe	2022-11-15 17:52	10M	
?	tinySA-App.ini	2023-05-26 10:11	14K	
📄	tinySA.exe	2020-08-11 12:57	139K	

[tinySA-App.exe]をクリックして
アプリをダウンロード

（c）PCコントロールアプリ

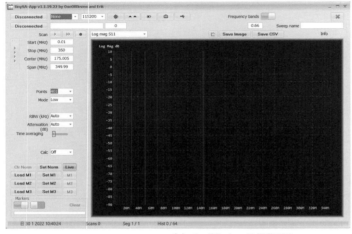

アプリ[tinySA-App]を
起動した画面

（e）tinySA-Appの起動画面

エクスプローラー→ダウンロードの順にクリックして
表示した[tinySA-App]をダブルクリックして起動
（d）ダウンロードしたアプリを起動

ダウンロード・フォルダを確認すると
[tinySA-App 構成設定]が追加されている
（f）アプリ[tinySA-App]の確認

図3-1　PCコントロールアプリをダウンロード（つづき）

の起動画面になる

⑥ 再度[ダウンロード]フォルダを確認すると，**図3-1**(**f**)のように[tinySA-App　構成設定]が追加されていることがわかる

● tinySA-AppをフォルダtinySAに移動してショートカットを作成

[ダウンロード]フォルダには，他にもファイルをダウンロードしたりするので，フォルダ内が雑然となってダウンロードしたアプリのファイルtinySA-Appの保存場所がわかりにくくなります．そこで次の手順で新規フォルダ[tinySA]を作成して，そこにアプリのファイルtinySA-Appを移動します．

① **図3-2**(**a**)のタスク・バーにある[エクスプローラー]クリック．または[スタート]を右クリックして表示したメニューの[エクスプローラー(E)]をクリック

② 画面左に表示された**図3-2**(**b**)の[OS(C):]をクリック

③ **図3-2**(**c**)のホームの[新しいフォルダ]をクリック

④ **図3-2**(**d**)のように，新しいフォルダのフォルダ名[tinySA]とする

(a) タスクバーの
　[エクスプローラー]
　をクリック

(b) [OS(C:)]をクリック

(c) ホームの[新しいフォルダ]をクリック

(d) フォルダ名を
　[tinySA]にする

(e) [ダウンロード]フォルダ
　から[tinySA-App]を移動

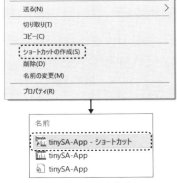

(f) ショートカットを作成して
　Windowsのホーム画面に移動

図3-2
[ダウンロード]フォルダ内のtinySA-App
を新規に作成したフォルダ[tinySA]に移
動する

⑤ **図3-2(e)** のように，2つのtinySA-Appを[ダウンロード]フォルダから新しいフォルダ[tinySA]に移動

⑥ 次にショートカットを作成しておく．tinySA-Appファイルを右クリックして，**図3-2(f)** のように，[ショートカットの作成(S)]をクリックしてtinySA-Appのショートカットを作成する

⑦ tinySA-Appのショートカットをデスクトップに移動する

こうしておけばtinySA用のソフトtinySA-Appをデスクトップから起動できるようになります．

アプリ tinySA-App の起動と動作確認

PCとtinySAを付属のUSBケーブルで接続し，アプリtinySA-Appを起動します．

● COMポートの設定

[tinySA-App-ショートカット]をダブルクリックすると，**図3-3(a)** の起動画面が立ち

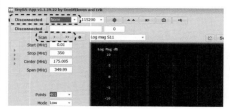

(a) [tinySA-App-ショートカット]をダブルクリック

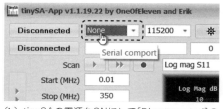

(b) tinySAの電源をONにして[Disconnected]の[None]をクリック

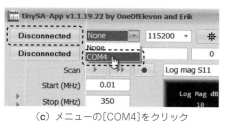

(c) メニューの[COM4]をクリック

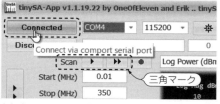

(d) [Disconnected]をクリックして[connected]にパソコンとtinyAppがUSB接続されると三角マークが▶から▷に変わる

図3-3 パソコンとtinySAを付属のUSBケーブルで接続してCOMポートを設定する

上がります。まず，PCのCOMポートの設定をします。

① tinySAの電源スイッチをONにしてから，**図3-3(b)**の[None]をクリック
② PCがtinySAを認識してCOMポートを割り当ててくる。ここでは，**図3-3(c)**のように tinySAを接続したUSBポートを[COM4]として認識したので，[COM4]をクリック （使用PCによってCOM番号は異なることがある）
③ [Disconnected]をクリックすると[Connected]になり，PCとtinySAはUSB接続状態 になる。また接続されたことは，[Scan]の三角マークが[▶]から[▶]に変わることで も確認できる

● スキャンしてスペクトラム表示を確認

スキャンを開始すると，横軸(x軸)に測定周波数，縦軸(y軸)に信号レベルで信号を表 示します。なおtinySAのスキャン動作のことを一般のスペクトラム・アナライザではス イープと呼ぶこともあります。

tinySAのLOW入力モードのデフォルト周波数は，0.1M〜350MHzです。tinySAのス ペクトラム・アナライザ機能の動作確認のために，入力信号を加えてみます。入力信号は 周波数40MHzの矩形波です。

信号レベルは，tinySAの最大許容入力が+10dBmなので，+10dBmより十分に低いレ ベルの−10dBmとしました。

それではtinySAのスペクトル表示を確認してみましょう。

① **図3-4(a)**の[Scan]の[▶▶][Continuous scan]をクリックすると，設定した周波数範 囲を繰り返しスキャンする。スキャン動作中に[▶▶]をクリックするとスキャンが停止
② **図3-4(b)**の[Scan]の[▶](Single scan)をクリックすると，設定した周波数範囲を1回 だけスキャン

図3-4(c)は[Continuous scan]の表示画面です。デフォルトでは最大値と最小値の信号 にマーカーが設定されています。

最大値の信号は40MHzの基本波fなのでパネル上部に最大値のマーカー[line max 39.948799 M −10.187 dBm]の表示が，最小値の信号はノイズなのでパネル下部に[line min 145.050901 M −81.246 dBm]の表示になっています。

ところで，アプリtinySA-Appのスペクトラム画面には，所々に縦縞が表示されていま す。縦縞はバンド(周波数帯)表示で，デフォルトは主にアマチュア無線の周波数帯です。 ここでは図3-4(d)の画面右上の[Frequency bands]スイッチをOFFにして，バンド表示 の縦縞を消しておくことにします。

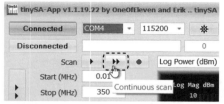

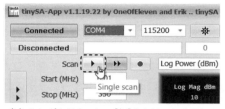

(a) 連続スキャン．［▶▶］をクリックすると，設
定した周波数範囲を繰り返しスキャンする．ま
たスキャン動作中に［▶▶］をクリックするとス
キャンが停止する

(b) シングルスキャン．［▶］をクリックすると，
設定した周波数範囲を1回だけスキャンする

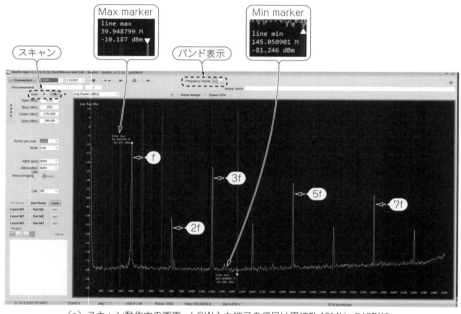

(c) スキャン動作中の画面．LOW入力端子の信号は周波数40MHzの矩形波．
デフォルトで最大値と最小値の信号にマーカーが設定されている

(d) スペクトラム画面上にある縦縞の
バンド表示をON/OFF

図3-4 tinySAを専用アプリを使ってスキャンさせた

一般的にスペクトラム・アナライザではスイープと呼ぶが，アプリtinySA-Appではスキャンと呼ぶ．スキャ
ン動作を開始すると，横軸に測定周波数，縦軸に入力信号レベルを表示する

画面上の第3高調波の信号にマウスポインタを置くと信号レベルが画面の左上に[line live −22.4375dBm]，周波数軸に周波数が[120.176737 M]と表示される

図3-5　マウスポインタで信号レベルと周波数を表示

● マウス・ポインタで信号レベルと周波数を表示

　周波数と信号レベルは，マウス・ポインタの設定で表示できます．

　図3-5のように，40MHzの第3高調波120MHzのスペクトルの先端にマウス・ポインタを置きます．すると縦軸にカーソルが表れ，パネル上部に信号レベルが[line live −22.4375 dBm]，パネル下部に周波数が[120.176737MHz]のように表示されます．

測定周波数の設定

　LOW入力モードの測定周波数範囲(0.1M 〜 350MHz)を変更して，再測定してみます．

● 測定周波数をメニューで設定

　ここでは測定周波数を30M 〜 230MHzに設定することにします．スキャンのスタート周波数とストップ周波数を設定します．

① tinySAのデフォルトの測定周波数表示は，図3-6(a)のように0.01M 〜 350MHzなの

セキュリティの制限でダウンロードできない/実行できない

Index of /tinySA/Windows

Name	Last modified	Size	Description
Parent Directory		-	
Drivers/	2021-06-05 08:35	-	
live.csv	2023-05-26 10:11	37	
live.s2p	2020-12-06 19:00	59K	
tinySA-App.exe	2022-11-15 17:52	10M	
tinySA-App.ini	2023-05-26 10:11	14K	
tinySA.exe	2020-08-11 12:57	139K	
user_command_0.txt	2023-03-24 16:52	12	

tinySA-App.exeをクリック
(a) tinySA-App.exe

(b) ダウンロードの警告

保存をクリック
(c) 保存

tinySA-App.exeを開く前に、信頼できることを確認してください

このファイルは一般的にダウンロードされていないため、Microsoft Defender SmartScreen はこのファイルが安全かどうかを確認できませんでした。ダウンロードしているファイルまたはそのソースが信頼できることを確認してから、ファイルを開いてください。

名前: tinySA-App.exe
発行元: 不明

詳細表示

削除　　　キャンセル

詳細表示をクリック
(d) 信頼の確認 - 1

保持するをクリック
(e) 保存

ダウンロードした"tinySA-App"を
Cドライブに作成したフォルダへ移動.
そして"tinySA-App"をクリック
(f) ダウンロードファイルの確認

ダウンロードでセキュリティ制限
Windows セキュリティで制限がかかりダウンロードできない時の対処法

Microsoft Edge を起動して tinySA-App.exe をダウンロードするとき，セキュリティ制限がかかってダウンロードできないことがあります（図は Windows 10 の場合）．このとき次の手順でセキュリティ制限を解除することができますが，何度も「信頼できることを確認してください」という表示が出てきます．要は，自分で確かめるように，ということでしょう．

① tinySA のホームページで，[PC contorl] → [http://athome.kaashoek.com/tinySA/Windows/] の順にクリック
② 下の図(a)のように表示した [tinySA-App.exe] をクリック
③ すると下の図(b)のダウンロードの警告になり，「tinySA-App.exe は一般的にダウンロードされていません．……信頼できることを確認してください．」と表示されるので，[表示] を右クリック
④ 「ダウンロードリンクのコピー」の [保存] をクリック
⑤ 「tinySA-App.exe を開く前に……」の表示の [詳細表示] をクリック
⑥ 再度「tinySA-App.exe を開く前に……」の表示になるので，[保持する] をクリックすると [tinySA-App.exe] がダウンロードされる

ダウンロードしたアプリ tinySA-App.exe をダブルクリックして開こうとすると，PC保護の警告を表示することがあるので，そのときは次の手順でセキュリティの制限を解除できます．

① 「Windows によって PC が保護……」が表示されるので，[詳細 情報] をクリック
② 再度，「Windows によって PC が保護……」が表示されるので，[実行] をクリック
以上でダウンロードした tinySA-App.exe を実行することができます．

[詳細情報]をクリック
(a) PC保護の警告 - 1

[実行]をクリック
(b) PC保護の警告 - 2

tinySA-App をクリックすると警告が出る

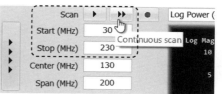

デフォルトは，スタート周波数が0.01MHzでストップ周波数は350MHz

（a）デフォルトのStart，Stop周波数

Start周波数を30MHz，Stop周波数を230MHzに設定して，連続スキャン[▶▶]をクリック

（b）スキャン周波数を30M～230MHzに設定

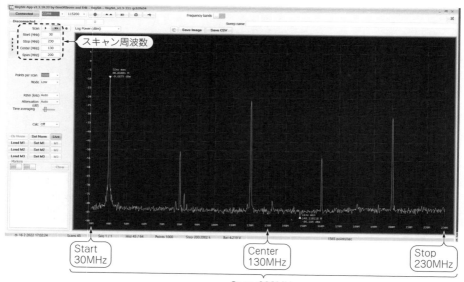

スキャン周波数が30M～230MHzなので，中心周波数[Center]は130MHz，周波数間隔[Span]は200MHz

（c）スキャン周波数30M～230MHzの画面

図3-6　スキャン周波数をメニューで設定
スキャン周波数を画面左上に表示のメニューで30M～230MHzに設定

で，スタート周波数の[Start(MHz)][0.01]の[0.01]を「Delete」または「Back space」キーで消す

② キーボードで[Start(MHz)]に30MHzの[30]を入力

③ 同様に，ストップ周波数の[Stop(MHz)][350]を変更するので，230MHzの[230]を入力

④ 入力し終わると，図3-6(b)のように[Start(MHz)][30]，[Stop(MHz)][230]に設定さ

れる．次に[▶▶][Continuous scan]をクリックするとスキャンを開始

図3-6(c)は測定周波数を30M～230MHzとしてスキャンした結果の画面です．横軸の周波数は，Start周波数が30MHzでStop周波数が230MHzなので，中心周波数(Center)は130MHz，周波数間隔(Span)はStop周波数-Start周波数の200MHzです．図3-6(b)のメニューにも，[Center(MHz)][130]，[Span(MHz)][200]のように表示されます．

● 測定周波数をスペクトラム画面で設定

測定周波数をおよそ50M～300MHzに変更することにし，スキャン範囲を画面上のマ

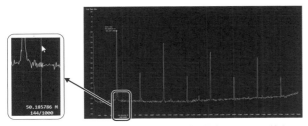

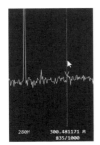

マウスポインタを設定するスタート周波数に置き，カーソル線上で右クリック

（a）スタート周波数を選択

スペクトル画面に表示したメニューの[Set as start frequency [50.185786M]]をクリック

（b）スタート周波数の決定

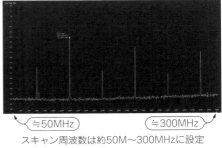

マウスポインタをストップ周波数に置き右クリック

（c）ストップ周波数の選択

スペクトル画面に表示したメニューの[Set as stop frequency[300.481171M]]をクリック

（d）ストップ周波数の決定

スキャン周波数は約50M～300MHzに設定

（e）スキャン周波数が設定された画面

図3-7　スキャン周波数をスペクトル画面で設定
スキャン周波数は，スペクトル画面上のマウス操作でも設定できる

ウス・ポインタで設定します.

① 図3-7(a)のようにマウス・ポインタを画面上で移動すると,縦にマウス・カーソルが表示されるので,マウス・カーソルをスタート周波数の50MHzに合わせカーソル線上で右クリック

② すると図3-7(b)のようなメニュー表示になるので,[Set as start frequency[50.185786M]]をクリックしてスタート周波数を50.185786MHzにする

③ 同様にマウス・ポインタを移動してマウス・カーソルをストップ周波数に合わせマウスを右クリック

④ すると図3-7(d)のようなメニューになるので,[Set as stop frequency[300.481171M]]をクリックしてストップ周波数は300.481171MHzにする

　図3-7(d)は,測定周波数を50.185786M～300.481171MHzに設定したスペクトラム画面です.なおスキャン周波数は,後で説明するポイント数との関係で50M～300MHzのように,切りのいい値にはなりません.

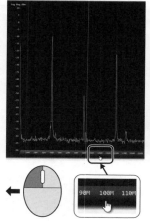
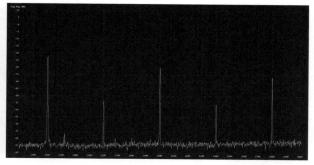

マウスポインタを100MHzに置きマウスを左に移動してドラッグ&ドロップ
(a) スタート周波数を100MHzに

マウスポインタを300MHzに置き,マウスを右に移動してドラッグ&ドロップ
(b) スキャン周波数を100M～300MHzに

図3-8　スキャン周波数を周波数軸で設定
周波数軸上にマウスを置いて,スキャン周波数を変更

● 測定周波数を周波数軸で設定

ここでは測定周波数をおよそ100M ～ 300MHzに設定することにします．スキャン範囲を周波数軸上に置いたマウスのドラッグ＆ドロップで設定してみます．

① 図3-8(a)のように，画面下にある周波数軸の100MHzにマウス・ポインタを置く

② 100MHzを左にドラッグ(マウスボタンを押したまま左に移動)し，周波数軸の左端でドロップ(ボタンを離す)すると，スキャンのスタート周波数はおよそ100MHzになる

③ 次に300MHzでドラッグ(右ボタンを押しながら)しながらマウスを右に移動させ，周波数軸の右端でドロップ(右ボタンを離す)するとストップ周波数はおよそ300MHzになる

また周波数軸上の中心付近をマウスでドラッグ＆ドロップすると，中心周波数の[Center(MHz)]を変えることができます．なお中心周波数を変えても，周波数間隔の[Span(MHz)]は変わりません．

■ マーカーの設定

信号レベルと周波数は，スペクトラム画面の縦軸のdBm目盛と横軸の周波数目盛で，おおよその値を読み取ることができます．信号にマウス・ポインタを合わせて正確な値を読み取ることもできますが，何かの拍子にマウスが動いてしまうことがあります．そこで目的の信号にマーカーを設定し，信号レベルと周波数を表示させることにします．

● マーカーをメニューで設定

マーカーを設定する信号は，矩形波40MHzの第2高調波になる80MHzです．

マーカーの情報は，図3-9(a)のように画面左下のメニュー[Markers]に表示されます．メニューの左上のスイッチはマーカーの画面表示のON/OFF，その右側のスイッチはマーカーの周波数とレベルの表示のON/OFFです．また右上の[Clear]ボタンをクリックすると，マーカーの設定が解除されます．デフォルトではマーカーの画面表示はON，周波数とレベル表示はOFFになっているのでスイッチをクリックして周波数とレベル表示をONにしておきます．

① 図3-9(b)のように，80MHzの信号にマウス・ポインタを置きダブルクリックすると[Marker 1]が設定される

② 設定された[Marker 1]の周波数とレベルは，図3-9(c)のように画面右上に[Marker 1, live] [Freq 80.05005 M] [line −50.81 dBm]と表示

マーカーの画面表示

画面右上の周波数とレベルの表示

マーカーの消去

マーカーの表示と消去
（a）メニュー画面[Markers]

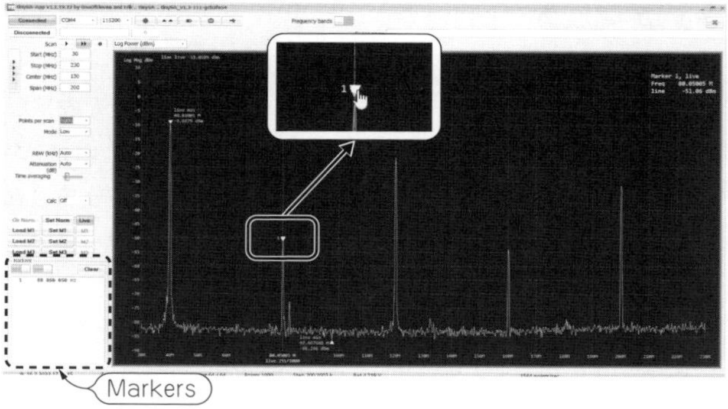

Markers

80MHzの信号にマウスポインタを置き，ダブルクリックして
[Marker 1]を設定
（b）マーカーの設定

```
Marker 1, live
Freq    80.05005 M
line    -50.81 dBm
```

右上に[Marker 1]の周波数と
信号レベルが表示される
（c）画面右上のMarker 1の表示

Marker 1の表示

メニュー[Markers]に[1 80 050 050 Hz]を表示
（d）設定したMarker 1

図3-9
マーカーの設定と解除
マーカーを設定すると信号のレベルと
周波数が読める

③ **図3-9（d）のように，メニュー[Markers]にもMarker 1の[1 80 050 050 Hz]を表示**

以上がMarker 1を設定する手順です．同様にMarker 2，Marker 3……と複数のマーカーを設定できます．

● マーカーをスペクトラム画面で設定

マーカーをスペクトラム画面上に表示されるメニューで設定してみます．

最初に画面上で右クリックすると，**図3-10（a）**のメニューが表示されます．デフォルトでは信号の最大値になる[Show max marker]と最小値になる[Show min marker]にチェック[�?]が入っており，最大値と最小値にマーカーが設定されています．ここでは，[Show min marker]をクリックして最小値のマーカーを解除しておきます．

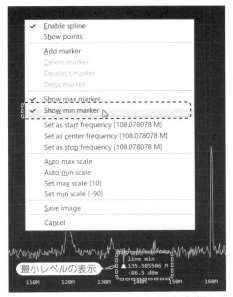

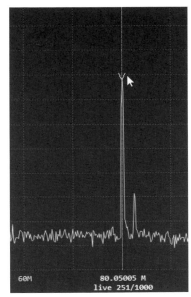

[Show min marker]をクリックすると[✓]が外れて
最小レベルのマーカー表示が消える

（a）[Show min marker]の表示/非表示

設定する信号にマウスポインターを置き
右クリック

（b）マーカーを設定する信号

図3-10　マーカーの設定をスペクトラム画面で ―――――――
マーカーの設定は，スペクトラム画面上のマウス操作でもできる

　それでは第2高調波の80MHzにマーカーを設定します．

① **図3-10（b）のように，マーカーを設定する信号にマウス・ポインタを置き右クリック**

② **図3-10（c）のメニューが表示されるので，[Add marker]をクリックして[Marker 1]を
設定**

③ **設定したマーカーを解除するときは，解除するマーカーにマウス・ポインタを置き右
クリックすると図3-10（d）のメニューが表示されるので，[Delete marker]をクリック**
　同じ手順でMarker 2，Marker 3……と複数のマーカーを設定できます．

● **マーカーの移動**
　設定したマーカーを移動することができます．
　図3-11（a）はマーカーを移動する前の画面表示です．
　[Marker 1]は80MHz（第2高調波），[Marker 2]は120MHz（第3高調波），[Marker 3]

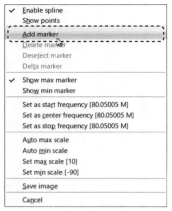

✓ <u>E</u>nable spline	✓ <u>E</u>nable spline
<u>S</u>how points	<u>S</u>how points
<u>A</u>dd marker	<u>A</u>dd marker
De<u>l</u>ete marker	De<u>l</u>ete marker
Dese<u>l</u>ect marker	Dese<u>l</u>ect marker
Delta marker	Delta marker
✓ Show max marker	✓ Show max marker
Show min marker	Show min marker
Set as star<u>t</u> frequency [80.05005 M]	Set as star<u>t</u> frequency [80.05005 M]
Set as <u>c</u>enter frequency [80.05005 M]	Set as <u>c</u>enter frequency [80.05005 M]
Set as sto<u>p</u> frequency [80.05005 M]	Set as sto<u>p</u> frequency [80.05005 M]
A<u>u</u>to max scale	A<u>u</u>to max scale
Auto <u>m</u>in scale	Auto <u>m</u>in scale
Set ma<u>x</u> scale [10]	Set ma<u>x</u> scale [10]
Set m<u>i</u>n scale [-90]	Set m<u>i</u>n scale [-90]
<u>S</u>ave image	<u>S</u>ave image
Ca<u>n</u>cel	Ca<u>n</u>cel

表示したメニューの[Add marker]を
クリック

（c）マーカーを設定

設定を解除するマーカーにマウスポイン
タを置き，右クリック表示したメニュー
の[Delete marker]をクリック

（d）マーカーの設定を解除

図3-10　マーカーの設定をスペクトラム画面で（つづき） ────────

は160MHz（第4高調波）にマーカーを設定しています．

　では，第2高調波をマークしている[Marker 1]を第5高調波の200MHzに移動してみます．

① **図3-11（b）のように，スペクトル画面上の[Marker 1]の三角マーク[1▼]をクリック**

② **すると図3-11（b）の三角マークと，図3-11（c）の[Marker 1, live][Freq 80.05005 M]**
　　[−51.06dBm]の色が「白」から「赤」に変わる

③ **赤色に変わった三角マーク[▼]をドラッグ（▼を選択してマウスの左ボタンを押したま**
　　ま移動）して，第5高調波の200MHzの信号でドロップ（左ボタンを離す）

　図3-11（d）は，[Marker 1]を第5高調波の200MHzに移動した画面です．

　マーカーを移動すると，低い周波数から順にマーカー番号が入れ替わります．第3高調
波の120MHzが[Marker 2]から[Marker 1]に変わり，マーカーの番号は左から[Marker
1]→[Marker 2]→[Marker 3]の順になります．

● デルタ・マーカー

　デルタ・マーカーは，2つのマーカーを比較して相対値を表示するモードです．2つの
マーカーのうちの一方を基準のマーカーとし，もう一方のマーカーとの周波数差とレベル
差を表示します．

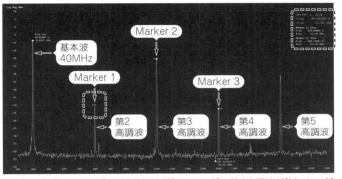

三角マーク[▼]を
クリックすると▼
の色が白から赤に

（b）[Marker 1]を移動

第2高調波が[Marker 1]，第3高調波が[Marker 2]，第4高調波が[Marker 3]
の設定

（a）マーカーを移動する前

Marker 1，live…の色が
白から赤に

（c）画面右上の表示

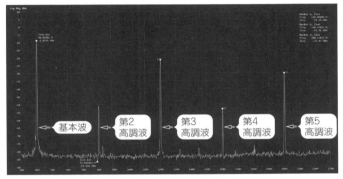

[Marker 1]をドラッグ＆ドロップして第5高調波に移動．マーカーは左から
[Marker 1]→[Marker 2]→[Marker 3]の順となる

（d）[Marker 1]を移動した画面

図3-11　マーカーの移動
第2高調波80MHzの[Marker 1]を第5高調波200MHzに移動する

　ここでは基本波40MHzの[Marker 1]を基準のマーカーに設定し，第3高調波120MHz
の[Marker 2]を比較してみます．すなわち，基本波を基準にした第3高調波の周波数差と
レベル差を表示させます．

① **図3-12（a）の画面で基本波をダブルクリックして[Marker 1]に，第3高調波をダブルク
　リックして[Marker 2]に設定**

② [Marker 2]を比較するマーカーにするので，**図3-12（b）**のように[Marker 2]の三角マー

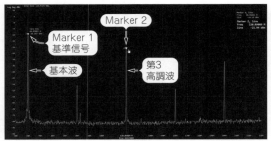

基本波をダブルクリックして[Marker 1]に，第3高調波を
ダブルクリックして[Marker 2]に設定

（a）[Marker 1]と[Marker 2]を設定

[Marker 2]を右クリックして表示
したメニューの[Delta marker]を
クリックすると[✓]が入る

（b）メニューの[Delta marker]をクリック

画面右上に[Marker 1]を
基準とした[Marker 2]
の相対値を表示

（c）デルタ・マーカー
の表示

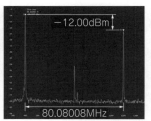

[Marker 2]は基準のマーカー
[Marker 1]との周波数差が
＋80.08008MHz，レベル差が
－12.00dBm

（d）[Marker 1]を基準とした
[Marker 2]の関係

画面左上の[D2]を右クリックして表示したメニュー
の[✓ Delta marker]をクリックするとチェックが消
え，デルタ・マーカーが解除される

（e）デルタ・マーカーの解除

図3-12　デルタ・マーカー
デルタ・マーカーは基準信号との相対値を表示する

　ク[▼]を右クリックして表示したメニューの[Delta marker]をクリックしてチェック
[✓]を入れる

③ すると図3-12(c)のように，画面右上に［Marker 1］を基準とした［Marker 2］の相対値
が［Delta marker 2, live］［Freq +80.08008 M］［line −12.00 dBm］と表示される

つまり図3-12(d)のように，［Marker 2］は基準のマーカー［Marker 1］との周波数差が
＋80.08008MHzで，レベル差が−12.00dBmということです．

デルタ・マーカーの設定を解除する手順は，図3-12(e)のように［Marker 2］の［D2］を
右クリックして表示したメニューの［✓ Delta marker］をクリックしてチェックを外しま
す．

■ RBW（分解能帯域幅）

RBW（resolution band width）は分解能帯域幅とも呼び，受信機でいうIF（intermediate
frequency）フィルタです．スペクトラム・アナライザでは，IFフィルタの帯域幅を変え
てRBWを決めます．

RBWが広いほどスキャン時間は短く，RBWが狭いほど長くなります．設定によっては
数十秒以上ということもあるのです．しかしRBWが狭いほど，スペクトルの形，周波数，
信号レベルを正確に測定できます．

RBWを［Auto］にしておくと，スキャン周波数［span］の間隔とスキャン時間関係から
RBWが適切な値に設定されます．

● RBWの帯域幅を変えて測定

図3-13は，tinySAのLOW入力に周波数50.0MHzと50.1MHzの2つの信号を加え，RBW
の帯域幅を変えて測定したときの画面です．スキャン周波数は49.5M ～ 54.5MHzです．
RBWの帯域幅をマニュアルで設定する場合は，図3-13(a)のように［RBW（kHz）］の［▼］を
クリックして，表示されるメニューの［0.3k ～ 600kHz］から目的の数値をクリックします．

▶ RBW = 1kHz

RBW = 1kHzのときは，図3-13(b)のように2つの信号のスペクトルは正確に表示でき
ます．ただし周波数スパン5MHzでRBWが1kHzということは，5000kHz/1kHz = 5000
なので，スキャンには数十秒かかります．

▶ RBW = 10kHz

図3-13(c)のように，RBW = 10kHzではRBW = 1kHzに比べると精度は落ちますが，2
つの信号のスペクトルを確認できます．ちなみに［Span（MHz）］を5MHzとし［RBW（kHz）］
を［Auto］に設定したときのRBWも10kHzなので，このあたりがRBWの適切な値なので

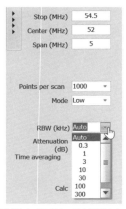

スキャン周波数を49.5M～54.5MHzにしてRBW
を設定する
（**a**）スキャン周波数とRBWの設定

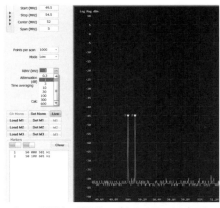

2つの信号波の周波数スペクトルは，ほぼ正確.
ただしスキャン時間が長い
（**b**）RBW＝1kHz

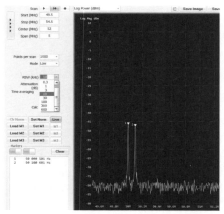

2つの信号波の周波数スペクトルを確認できる
（**c**）RBW＝10kHz

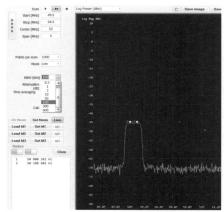

2つの信号波の周波数間隔が100kHzなので
信号の区別はつかない
（**d**）RBW＝100kHz

図3-13　RBW
tinySAのLOW入力に，周波数50.0MHzと50.1MHzの2つの信号波を加えて，RBWとの関係を測定

しょう.

▶ RBW＝100kHz

　RBW＝100kHzでは，**図3-13（d）**のように周波数50.0MHzと50.1MHzの信号は100kHz

の帯域内にあるので，2つの信号波の区別はつかなくなってしまいます．

tinySAの測定周波数を0.01M～350MHzとし[RBW(kHz)]を[Auto]にすると，RBWは600kHz(スタンドアローンでは621kHzと表示)に設定されます．[Auto]のままでスペクトルを正確に測定するには，広い周波数スパンで信号のスペクトルを確認しておき，スパンを狭くすればRBWも10kHz…1kHzと狭くなっていくので正確に測定できます．

スキャン・ポイント(トレース・ポイント)

tinySAはディジタル処理の測定器なので，信号は一定間隔で取り込む，つまりサンプリングによる信号処理になります．画面左のメニューの[Points per scan]は，1スキャンあたりのサンプリング数の設定です．

● Points per scanを変えて測定
図3-14は，RBWの測定と同様にtinySAのLOW入力信号に周波数50.0MHzと50.1MHz

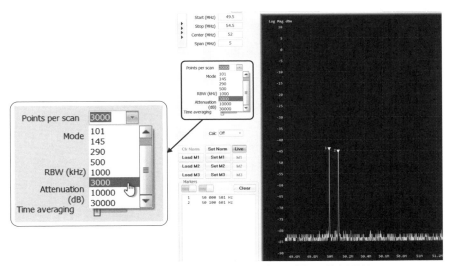

[Points per scan]が[3000]なので，サンプリング間隔は約1.67kHz.
精度は高いがスキャンに時間がかかる

(a) ポイント数3000

図3-14 ポイント数
ポイント数とスペクトラム波の関係

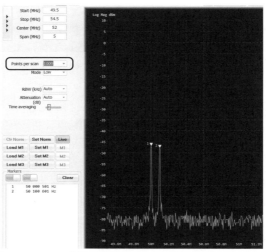

[Points per scan]が[1000]なので，サンプリング間隔は約5kHz.
2つの信号が確認でき精度もまあまあ高い

（b）ポイント数1000

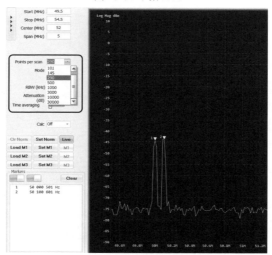

[Points per scan]が[290]なので，サンプリング間隔は約47.2kHz.
2つの信号の区別はつくが精度が低い

（c）ポイント数290

図3-14　ポイント数（つづき）

の2つの信号を加え，Points per scanを変えて測定を変化したときの画面です．ポイント数をマニュアルで設定するには，［Points per scan］の［▼］をクリックして表示されるメニューの［51 〜 30000］から目的の数値をクリックします．

なおスキャン周波数は49.5M 〜 54.5MHzでRBWの設定は［Auto］です．

▶ポイント数3000

図3-14（a）のように，ポイント数3000では2つの信号のスペクトルを確認でき，ほぼ正確に表示できます．このときのサンプリング間隔は，5000/3000 ≒ 1.67kHzです．なおポイント数が3000以上になると，スキャンに数十秒以上かかります．

▶ポイント数1000

図3-14（b）のように，ポイント数3000に比べると精度は落ちますが，2つの信号のスペクトルを確認できます．このときのサンプリング間隔は，5000/1000 ≒ 5kHzです．

▶ポイント数290

ポイント数290のサンプリング間隔は，5000/290 ≒ 17.2kHzです．図3-14（c）のように2つの信号の区別はつきますが，精度が低いスペクトルになります．

筆者の場合は，通常の測定ではポイント数はデフォルトの1000で，精度の高いスペクトラム画面が必要なときはポイント数を3000以上に設定するようにしています．

信号レベル測定範囲の設定

デフォルトの測定範囲 - 90 〜 + 10dBmを - 80 〜 0dBmに設定して測定してみます．

● 信号レベルの目盛をメニューで設定

縦軸の信号レベル目盛を - 80 〜 0dBmに変更します．

① スペクトル画面を右クリックすると，図3-15（a）のメニューが表示されるのでメニューの［Set max scale］をクリック

② 図3-15（b）の［Max log magnitude（dB）］になるので，ここでは［0］を入力して最大値を0dBにする．同様にスペクトル画面を右クリックして，［Set min scale］→［Min log magnitude（dB）］に［−80］を入力する

③ すると図3-15（c）のように，縦軸の信号レベルの最大値が0dBmで最小値が−80dBmになる

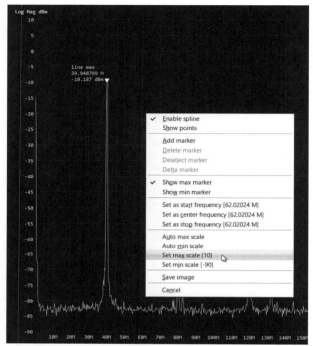

画面上で右クリックして表示されたメニュー画面の[Set max scale]をクリック

（a）メニュー画面の表示

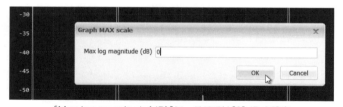

[Max log magnitude(dB)]に，ここでは[0]dB を設定

（b）縦軸に最大値を設定

図3-15　縦軸の目盛をメニューで設定 ─────────

信号レベルになる縦軸（数値軸）の目盛をメニューで設定して変更する

● 信号レベルの目盛をレベル軸で設定

　ここでは信号レベルを縦軸のレベル目盛に置いたマウスのドラッグ＆ドロップで設定してみます．

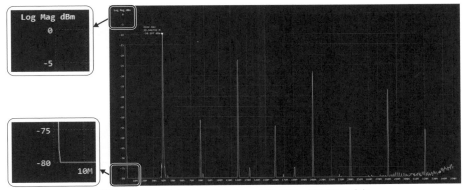

縦軸の信号レベルの最大値を0dBm，最小値を−80dBmに設定

（c）最大値と最小値を変更した画面

① 図3-16(a)のように，画面左にあるレベル軸の0にマウス・ポインタを置く

② 図3-16(b)のように，数値0を上にドラッグ（マウスボタンを押したまま左に移動）し，最大レベルの位置でドロップ（ボタンを離す）．同様に数値−80をドラッグ＆ドロップして最小値レベルとする

③ すると図3-16(c)のように，縦軸の信号レベルの最大値が0dBmで最小値が−80dBmになる

　またレベル軸上の中心付近をドラッグ＆ドロップすると，レベルの数値が上下に移動します．なお移動後のレベルの最大値と最小値の間隔はもとのままの80dBです．

アッテネータ

　LOW入力モードでは，スペクトラム・アナライザの入力信号レベルが大きすぎると内部でひずみが発生します．そこで最適な入力レベルの信号にするために，ミキサ回路の前にアッテネータを設けて，ひずみの発生を抑えています．

● アッテネータの設定

　tinySAのLOW入力モードでは，図3-17(a)のようにアッテネータ（ATT）の設定値は0

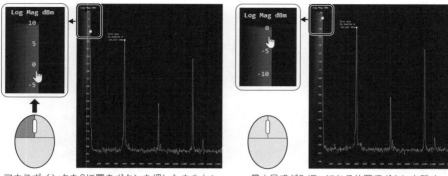

マウスポインタを0に置きボタンを押したまま上へ
移動

（a）目盛0dBmをドラッグ

最大目盛が0dBmになる位置でボタンを離す
（b）最大値の位置でドロップ

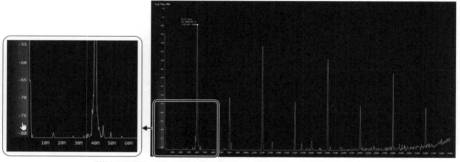

縦軸の信号レベルの最大値を0dBm，最小値を−80dBmに設定
（c）最大値と最小値を変更した画面

図3-16　縦軸の信号レベルの目盛をレベル軸で設定
信号レベルになる縦軸（数値軸）の目盛をマウスの操作で設定

〜31dBです．アッテネータ［Attenuation（dB）］を［Auto］に設定しておけば，入力信号レベルに応じてアッテネータの値が設定されます．

アッテネータの値をマニュアルで設定する手順は次のようになります．

① **図3-17（b）**の［Attenuation（dB）］の［▼］をクリック

② **図3-17（c）**のメニューが表示されるので，アッテネータの値をクリック．ここでは20をクリックして［Attenuation（dB）］を20dBとした

$f_{LOW}=0.1M\sim350MHz$ LOW [AUTO] ATT 0~31dB LPF ~350MHz f_{LOW}

ATTによりスペクトラムアナライザへの信号レベルは適切な値になる
(a) LOW入力モードで動作するアッテネータ

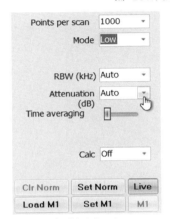

[▼]をクリック
(b) [Attenuation(dB)]の[Auto]モードを外す

表示したメニューから[20]を選択してクリック
(c) アッテネータを20dBに設定

図3-17 アッテネータ
LOW入力モードで動作するアッテネータは，[Auto]のときは信号のレベルに応じた減衰量になるがマニュアル設定もできる

測定データの平均化処理

　スキャンして得られるスペクトラムは，デフォルトでは毎回リフレッシュされた値が表示される設定になっていますが，数回スキャンした値を平均化することもできます．平均化する回数は，$2^1 \sim 2^6 (2 \cdot 4 \cdot 8 \cdot 16 \cdot 32 \cdot 64)$回です．

　平均化しても信号成分のように規則的なスペクトルは変化しませんが，ノイズのように不規則なスペクトルは平均化することで小さな表示になります．ノイズレベルの表示が小さくなるので，ノイズに埋もれていた微小レベルの信号を測定することができます．

● デフォルトは毎回リフレッシュされるスペクトル

　図3-18(a)はデフォルトの毎回リフレッシュされるスペクトルです．[Time averaging]

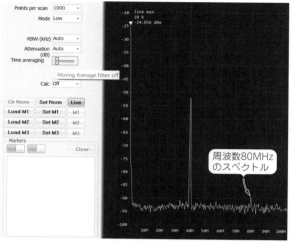

ノイズの振幅が大きいため，レベルの小さい80MHzの信号はノイズに隠れる

（a）毎回リフレシュ

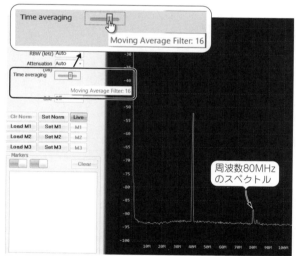

[Moving Average Filter:16]に設定すると，不規則なスペクトルのノイズは平均化
されてノイズの振幅が小さくなり，周波数80MHzのスペクトルが確認できる

（b）平均化の回数を16に設定

図3-18　スキャンデータの平均化処理
平均化すると信号成分のように規則的なスペクトルは変化しないが，ノイズのよう
に不規則なスペクトルは振幅が小さくなる

のスライダにマウス・ポインタを置くと, ［Moving Average Filter：off］と表示されます. ノイズの振幅が大きいため, レベルの小さい80MHzの信号はノイズに隠れてしまいます.

● 平均化して微小レベルの信号を測定

図3-18(b)は［Time averaging］のスライダを右に移動して［Moving Average Filter：16］にした場合のスペクトルです. 不規則なスペクトルのノイズは平均化されて, ノイズの振幅が小さくなり, これまでノイズに埋もれていた80MHzのスペクトルが測定できるようになりました.

測定データの最大値／最小値の保存

複数回スキャンした周波数毎の最大値／最小値のデータを保存して表示するモードです.
たとえば最大値の保存モードであれば, 前のスキャンで保存したデータより現在のスキャンした値が大きければ, 保存データは現在スキャンしたデータとなります.

● 最大値の保存

tinySAのLOW入力端子にSSG(standard signal generator：標準信号発生器)を接続します. SSGの出力レベルを－30dBmに設定しておき, 最大値の保存を確認します. なお測定中にアッテネータの値が変わらないように20dBに固定しておきます.

① 図3-19(a)の左側の［Attenuation(dB)］を［20］にする
② ［Calc］の［▼］をクリックして表示したメニューの［Max Hold］をクリックする
③ SSGの周波数をゆっくり数十秒の時間をかけて, 10M ～ 11.5MHzと変化させる

最大値はSSGの出力レベルの－30dBmなので, 周波数10M ～ 11.5MHzに－30dBmのスペクトルが表示されます.

● セラミック・フィルタの特性測定

最大値を保存できるので, SSGの周波数を10M ～ 11.5MHzと変化してセラミック・フィルタの周波数特性を測定してみました. 図3-19(b)は中心周波数10.7MHzのセラミック・フィルタの周波数特性です.

周波数特性の測定は, 一般的にはスペクトラム・アナライザと同期したトラッキング・ジェネレータが必要になります. ただし, この例のように発振器とスペクトラム・アナライザの［Max Hold］モードでも測定することができます.

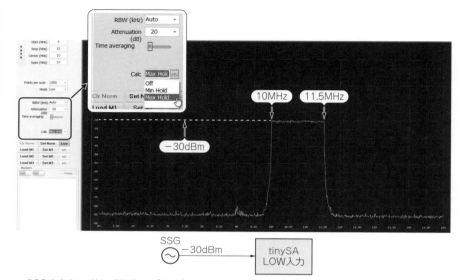

SSGの出力レベルは−30dBm．[Calc]をクリックして表示したメニューの[Max Hold]をクリック．
数十秒の時間をかけて周波数が10M〜11.5MHzと変化すると最大値の−30dBmが保存される

（**a**）周波数10M〜11.5MHz

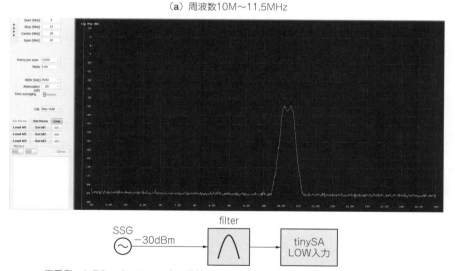

応用例：セラミック・フィルタの特性測定．周波数は10M〜11.5MHzとして測定した

（**b**）セラミック・フィルタの特性測定

図3-19　測定データの最大値を保存

測定データの保存

トレースした測定データをメモリに保存しておき，同時に複数のトレースを表示して比較することができます．

ここでは信号波40MHzのスペクトルを例に取り上げ，RBWと平均化回数を変えて比べてみます．なおアッテネータは30dBに設定しておきます．

● メモリM1にトレースを保存

メモリM1に保存するデータは，**図3-20**(a)のようにRBW＝600kHzで平均化回数は0回とします．

① 左パネルの[RBW(kHz)][▼]をクリック．表示したメニューの[600]をクリックして600kHzにする

② [Time averaging]の[Moving Average Filter：off]にする

③ トレース保存パネルの[Live]を確認．オレンジ色なら[Show/Hide live trace]の[Show]なのでスキャン表示モードになっている

④ [Set M1]をクリックすると，メモリM1にRBW＝600kHz，Moving Average Filter：offの設定の波形を保存する

● メモリM2に保存

メモリM2に保存するデータは，RBWを10kHzで平均化回数は4回とします．

① [RBW(kHz)]の[▼]をクリックし表示したメニューの[10]をクリックして10kHzにする

② [Time averaging]の[Moving Average Filter：4]にして平均回数を4回にする

③ [Set M2]をクリックすると，メモリM2にRBW＝10kHz，Moving Average Filter：4の設定の波形を保存する

● メモリしたスペクトラムM1とM2を表示して比較

図3-20(b)は保存したスペクトラムM1とM2の表示です．表示するには次のようにします．

① [Live]をクリックしてオレンジ色の表示を消す

② [M1]と[M2]をクリックしてオレンジ色に変更する

以上で，表示したメモリM1とM2のスペクトラムを1画面で比較することができます．

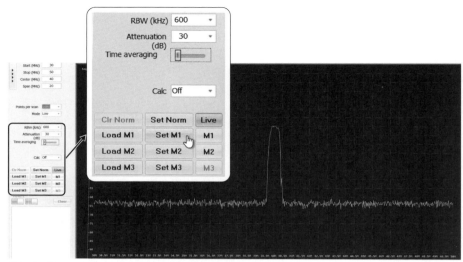

[Live]の[Show/Hide live trace]を[Show]にしておき[Set M1]をクリックするとM1：RBW＝600kHz，
Moving Average Filter:offが保存される

（a）波形を保存する手順

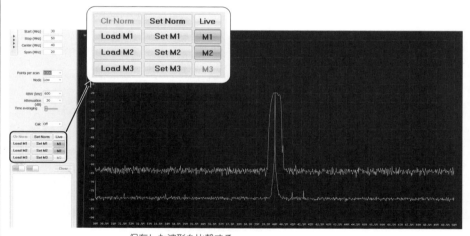

保存した波形を比較する．
M1:RBW＝600kHz，Moving Average Filter:off
M2:RBW＝ 10kHz，Moving Average Filter:4
（b）M1とM2に保存した波形を表示して比較

図3-20 トレースの保存
複数のトレースを保存し同時に表示して比較

スペクトラム・アナライザの画面を保存

　保存方法は2種類あり，1つはtinySA-Appの画面で，もう一つはtinySA本体の画面です．画像のファイル形式はPNG，BMP，JPGが選べます．それぞれの保存方法は次のようになります．

● tinySA-Appの画面の保存
　図3-21(a)のように，画面上部の[Save Image]（save a snap shot image）をクリックすると，図3-21(b)のような保存先とファイル名・形式のホルダーが開くので，それぞれを指定してスペクトラム・アナライザの画面を保存します．ただし保存されるのは，スペクトラム・アナライザの画面のみです．

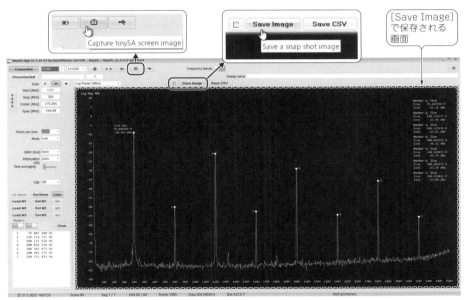

上部の[Save Image]をクリックすると，スペクトラムアナライザの画面が保存できる．保存されるのは，メニューを除いた枠の部分

(a) tinySA-App画面の保存

図3-21　スペクトラム・アナライザの画面をtinySA-Appで保存

ファイル形式は，PNG，BMP，JPGが選択できる
(b) 保存先とファイル名・形式を指定

図3-21　スペクトラム・アナライザの画面をtinySA-Appで保存(つづき) ─────

● tinySA本体の画面を保存

　図3-22(a)のカメラマーク[Capture tinySA screen image]をクリックすると，**図3-22**
(b)のようなtinySA本体の表示パネルの画像が表れます．

　画像の左上の[Save]をクリックすると表示パネルの画像が保存されます．また[Copy]
をクリックすれば他のファイルに貼り付けることもできます．

　保存したスペクトラムの画像は，プリンタで印刷して活用できます．

　tinySAとPCを通信ポートでつなぎtinySA-Appで操作することで，使い勝手が格段に
良くなりました．スタンドアローンだとディスプレイが小さいのでタッチペンを使って
も，十分に気を付けないと操作ミスになってしまうことがあります．

　PCにつないでtinySAを操作すると，マウスを使って大きな画面で操作できるので，
とても便利です．スペクトラム・アナライザの画面を保存することもできるので，データ
解析にも役に立ちそうです．

カメラマーク[Capture tinySA screen image]をクリック

（a）カメラマークをクリック

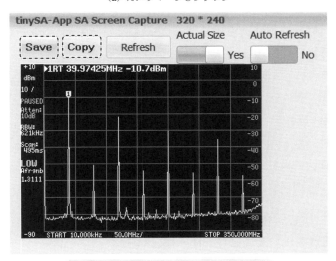

[Save]で画像を保存，[Copy]して貼り付ける

（b）tinySA本体の表示パネルの画像

図3-22　tinySA本体の画像を保存

第4章
tinySAの付加回路の製作

tinySAはコストパフォーマンスの良い測定器で，スペクトラム・アナライザの機能を気軽に体験することができます．tinySAをさらに良い状況で測定するための付加回路を紹介します．

キャリブレーション用発振器の製作

[High Input Mode]のレベル・キャリブレーションでは，出力信号レベルがわかっている発振器が必要です．ここでは市販の水晶発振器を利用してキャリブレーション用発振器（CAL発振器）を製作します．

■ CAL発振器のしくみ ■

● CAL発振器の出力周波数（240M～350MHz）

tinySAのHIGH入力モードの周波数は240M～960MHzです．CAL発振器の出力周波数を240MHz以上とします．300MHz以上の水晶発振器も市販されていますが，入手しやすい周波数40M～50MHzの水晶発振器を使って矩形波出力の水晶発振器とし，その高調波をCAL信号にします．

● ブロック図

図4-1は，CAL発振器のブロック図です．水晶発振器の周波数は，高調波の周波数が240M～350MHzになるように選びました．240M～350MHzは，[Low Input Mode]と[High Input Mode]のどちらでも測定可能な周波数です．[Low Input Mode]で信号レベルを測定して，その値で[High Input Mode]のレベルをキャリブレーションをします．

ここで使った水晶発振器の周波数は50MHzです．CAL信号は第5高調波の250MHzになります．水晶発振器を48MHzとすることもできますが，48MHzのときのCAL信号は第7高調波の336MHzにすると良いでしょう．

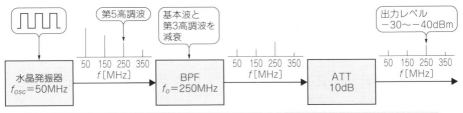

CALL信号は"Low Input Mode"と"High Input Mode"のどちらでも測定可能な250MHzとする.
250MHzは第5高調波になる. 干渉妨害波になる基本波と第3高調波をBPFで減衰

図4-1　CAL発振器のブロック図

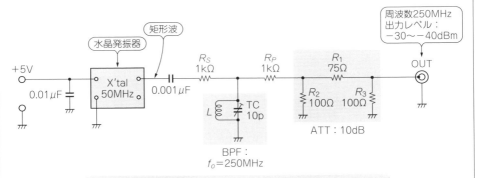

R_S：出力レベル調整用
水晶発振器を市販のユニットとしたので, 簡単な回路になる
水晶発振器の周波数は50MHzなのでCAL信号は第5高調波の250MHz

図4-2　CAL発振器の回路図

レベル・キャリブレーション

50MHzの水晶発振器を5逓倍で250MHz

48MHzだと, 7逓倍で336MHz

5逓倍の240MHzはHigh入力モードのバンドエッジになるので避ける

■ CAL発振器の回路 ■

　図4-2は水晶発振器を使ったCAL発振器の回路図です. ポイントになる水晶発振器を市販のユニットとしたので, 簡単な回路になっています.

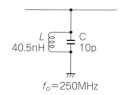

L
40.5nH

C
10p

f_o=250MHz

BPFはLC共振回路で，共振周波数f_oは250MHz
f_o=250MHz，C=10pFとすると，$L \fallingdotseq 40.5$nH
になる

（a）LC共振回路

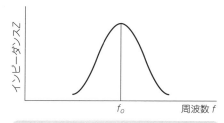

インピーダンスZ

f_o

周波数 f

インピーダンスZは共振周波数f_oのときに最大

（b）並列共振回路のインピーダンス特性

図4-3　バンドパス・フィルタとインピーダンス特性
バンドパス・フィルタで干渉妨害の原因になる基本波や第3高調波を減衰させる

● バンドパス・フィルタで干渉妨害波を減衰

　tinySAの［High Input Mode］の入力段にはフィルタがないので，帯域外の強力な信号が干渉妨害の原因になり，正常な測定値を得られなくなります．CAL発振器の基本波や第3高調波は，レベルが大きいので干渉妨害波そのものです．

　そこで周波数250MHzのバンドパス・フィルタ（BPF；band-pass filter）を通して第5高調波だけを取り出すようにします．

　バンドパス・フィルタは，図4-3（a）のようなコイル（L）とコンデンサ（C）による並列共振回路です．並列共振回路のインピーダンス（Z）は，図4-3（b）のように共振周波数（f_o）のときに最大になるという特性を利用しています．

　ここで，並列共振回路をCALL信号の250MHzとし，コンデンサを10pFとした場合のコイル（L）の値を求めると，$L \fallingdotseq 40.5$nHとなりました．

● 出力レベルの調整（−30 〜 −40dBm）

　tinySAの［High Input Mode］入力信号のレベルが−29dBm以上になるとレベル・オーバになり，マーカーのレベル表示が赤色に変わります．CAL発振器の第5高調波のレベルは−29dBm以上なので，アッテネータで−30 〜 −40dBmに出力を減衰させます．

■ 製　作 ■

　図4-4が部品配置図です．外形70×50mmの2.54mmピッチのユニバーサル基板で製作しました．出力端子は上向きのSMAジャック（SMA-J）です．

　写真4-1は，製作したCAL発振器です．

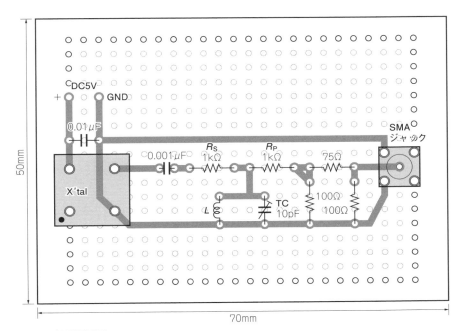

図4-4 部品配置図

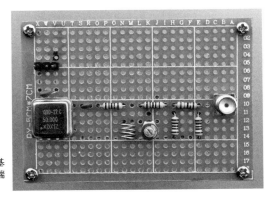

写真4-1
製作したCAL発振器
70×50mmのユニバーサル基板（穴あき基板）で製作．出力端子は上向きのSMAジャック

● コイルを巻く

コイルの形状は，**図4-5**のように内径4.2mm，長さ5mmで巻き数は3.5回です．コイルのインダクタンスを求めてみると，約42nHになり設計値の40.5nHより大きくなりまし

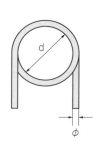
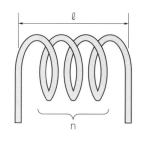

図4-5
ソレノイドコイル*L*の形状

d=4.2mm, ℓ=5mm, φ=0.8mm, n=3.5回
L≒42nHの空芯ソレノイドコイルになる

た. コンデンサは容量を可変できるトリマ・コンデンサ(TC)にして, キャパシタンスを調整して共振周波数を250MHzにしました.

● 水晶発振器

製作に使った50MHzの水晶発振器は, 金属ケース封入タイプでパッケージはDIP8(ハーフサイズ)です.

■ 調整と信号レベルの測定 ■

tinySA付属のケーブルでCAL信号回路の出力端子とtinySAのLOW端子を接続し, 電源をONにして数分間エージングします.

● バンドパス・フィルタの調整

*LC*共振回路のトリマ・コンデンサを調整して, 共振周波数を第5高調波の250MHzにします.

tinySAのスペクトラム画面を見ながらトリマ・コンデンサを調整して, **図4-6**のように250MHzの信号レベルが最大になるようにします. トリマ・コンデンサの調整は, 非金属製の調整ドライバを使います.

● CAL発振器の出力レベルの調整

CAL発振器の出力レベルが−30 ～ −40dBmより大きく外れるときは, 抵抗R_sの値を増減して出力レベルを調整します。

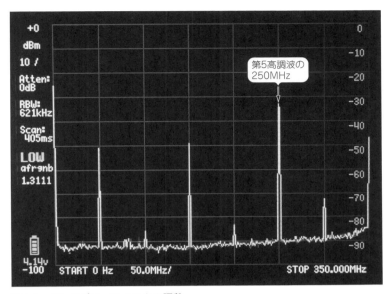

図4-6 バンドパス・フィルタの調整
第5高調波250MHzの信号レベルが最大になるように、*LC*共振回路のTCを調整

● CAL発振器の出力レベルを測定

　HIGH入力モードのCAL発振器なので、CAL発振器の出力レベルを測定しておきます。tinySAのLOW入力モードはレベル・キャリブレーション校正済みなので、CAL発振器の出力信号のレベルをLOW入力モードで、次のように測定します。

① スタート周波数を245MHzに設定

　tinySAのパネルをタッチして表示されたメニューを、［FREQUENCY］→［START］→［2］→［4］→［5］→［M］の順にタップします。

② ストップ周波数を255MHzに設定

　パネルをタッチして表示されたメニューを、［STOP］→［2］→［5］→［5］→［M］の順にタップします。

③ マーカー1で信号レベルを測定

　すると図4-7のような画面になるので、［MARKER 1］で250MHzのCAL信号のレベルを測定します。

　試作したCAL発振器は、周波数250MHzで出力が－33.3dBmでした。

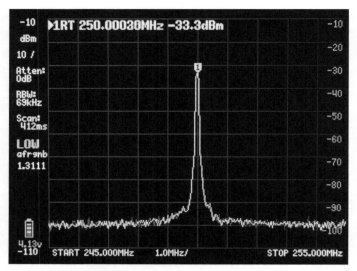

図4-7　CAL発振器の出力レベル測定
[MARKER 1]でCAL信号を測定すると，周波数は250.000MHz，レベルは
－33.3dBmになった

■ HIGH入力モードのレベル・キャリブレーション ■

　HIGH入力モードのキャリブレーションについては，第2章で詳しく説明しているので，
ここでは簡単に紹介をします.
① メインメニューの[CONFIG]をタップ
② 表示したメニュー[EXPERT CONFIG]→[LEVEL CORRECTION]→[INPUT LEVEL]
　 の順にタップ
③ テンキー表示になったら，－33.3×1をタップして入力
　レベル・キャリブレーションで現在の信号レベルが－33.3dBmと補正され，左側の文字
のラベルが赤から白に変わります.

▌ アッテネータの製作

　アッテネータ(ATT：attenuator)は抵抗減衰器ともいい，信号を減衰させる役目をしま
す. tinySAの入力信号の最大レベルは＋10dBm(10mW)です. それ以上の信号を測定す

るときは，測定する信号をアッテネータで減衰させなければなりません．

　また回路間にアッテネータを挿入することで，回路間のインピーダンス不整合，つまりミスマッチングの度合いを小さくしてくれるというメリットがあります．

　高周波回路のアッテネータの入出力インピーダンスは，50 Ωまたは75 Ωです．

■ アッテネータの設計 ■

● アッテネータの回路

　高周波回路で使用されるアッテネータには，図4-8(a)のようなπ型とT型があります．ここではπ型のアッテネータで設計することにします．アッテネータの入出力インピーダンスは50 Ωにします．

● 減衰量と抵抗値

　図4-8(b)のπ型アッテネータにおいて，減衰量A[dB]，特性インピーダンスZ[Ω]とすると，抵抗R_1, R_2, R_3[Ω]は次の式で求められます．

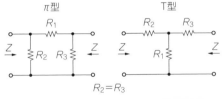

一般的にアッテネータにはπ型とT型がある

（a）アッテネータの回路形式

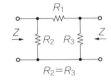

$Z=50Ω$，減衰量A[dB]，とすると

$$R_1=\frac{Z}{2}\frac{1-k^2}{k} \quad R_2=Z\frac{1+k}{1-k}$$

ただし，$k=10^{-\frac{A}{20}}$

（b）π型アッテネータで設計

減衰量[dB]	設計ツールの抵抗値		使用する抵抗値	
	R_1[Ω]	$R_2 \cdot R_3$[Ω]	R_1[Ω]	$R_2 \cdot R_3$[Ω]
3	17.6	292	18	300
6	37.4	151	39	150
10	71.2	96.3	75	100
20	248	61.1	240	62

図4-8
アッテネータの型と設計
アッテネータを入れると信号が減衰する．また回路間のインピーダンスのミスマッチングの度合いが小さくなる

計算ツールで求めた抵抗値と実際に使用する抵抗．実際に使用する抵抗は，入手しやすさから選んだ

（c）減衰量と抵抗 R_1, R_2, R_3の関係

$$R_1 = \frac{Z}{2}\frac{1-k^2}{k} \qquad R_2 = Z\frac{1+k}{1-k}$$

$R_2 = R_3$ とする

ただし，$k = 10^{-\frac{A}{20}}$

実際のアッテネータの設計では，計算が煩雑になるので計算ツールを利用しました．

図4-8(c)は，設計ツールで求めたアッテネータの減衰量A[dB]と抵抗R_1，R_2の値です．しかし設計ツールで求めた値の抵抗は市販されていないので，使用する抵抗は入手しやすい近似値の抵抗とします．

■ 製 作 ■

図4-9はアッテネータの部品取付図です．アッテネータの減衰量を，3dB，6dB，10dBの3種類で製作しました．3種類のアッテネータを組み合わせることで減衰量を3dB，6dB，9dB，10dB，13dB，16dB，19dBのように設定できます．

● パーツ
▶ チップ抵抗

チップ抵抗は，薄膜チップ抵抗3216(形状3.2×1.6mm)としました．薄膜チップ抵抗3216タイプの定格電力は250mWなので，たとえば減衰量が10dBのアッテネータへの最大許容入力は23dBm(200mW)以下程度とするのが適当でしょう．

チップ抵抗を2012タイプ(形状2.1×1.2mm)に変更すると，2012タイプの定格電力が125mWなのでも最大許容入力は小さくなります．ただ形状が小さくなったことにより高周波特性は良くなります．

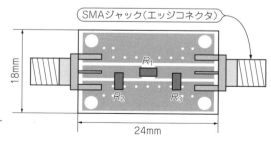

図4-9
部品取付図
チップ抵抗は3216(3.2×1.6mm)とした．
一般的な3216の定格電力は250mW

▶ SMAジャック

SMAジャックは，基板に対して横向けにはんだ付けするエッジマウント・タイプです．基板に対して直角にはんだ付けするストレート・タイプでも，横向けにはんだ付けしてエッジタイプのように使うこともできます．

▶ プリント基板

プリント基板は，サイズ24×15mmで厚さは1.2mmの両面ガラスエポキシ基板です．表面がパターンと部品面で裏面がGND面です．表面と裏面のGNDは，基板の何カ所かのスルーホールで接続されています．

信号線はマイクロストリップ・ラインとし，線路のインピーダンスが50Ωになるようにパターンの幅は2.1mmになりました．

信号線のインピーダンスを無視して穴あき基板にスズめっき線で配線して製作することもできますが，インピーダンスの乱れにより周波数帯域が狭くなります．

● パーツのはんだ付け

プリント基板に，はんだ付けするパーツは全部で5点です．

写真4-2(a)は，マイクロストリップ・ラインにチップ抵抗3212タイプをはんだ付けした減衰量3dB，6dB，10dBのアッテネータです．また**写真4-2(b)**は特性を比較するために，穴あき基板で製作した6dBのアッテネータです．

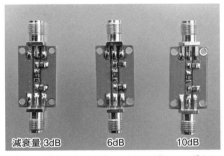

減衰量 3dB　6dB　10dB

プリント基板は厚さ2.1mmの両面ガラスエポキシ基板．裏面はベタアースになっている

（a）プリント基板＋マイクロストリップ・ラインで製作したアッテネータ

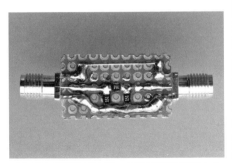

（b）穴あき基板＋スズめっき線の配線で製作したアッテネータ

写真4-2　チップ抵抗3216タイプを使って製作したアッテネータ

■ 周波数特性 ■

● プリント基板＋マイクロストリップ・ラインで製作したアッテネータ

　アッテネータの周波数特性をトラッキング・ジェネレータ付きのスペクトラム・アナラ
イザで測定してみました．測定周波数は，tinySAの周波数帯域をカバーする0.1M 〜 1GHz
です．

　図4-10(a)は10dBのアッテネータの周波数特性です．マーカーで測定した周波数
200MHzの減衰量は10.22dBです．周波数0.1MHz 〜 1GHzのレベル差は最大で0.4dBなの
でほぼフラットな特性といえます．これはtinySAの測定誤差の範囲なので，10dBのアテ
ネータとして役立ちそうです．

　図4-10(b)は6dBのアッテネータの周波数特性です．マーカーで測定した周波数
200MHzの減衰量は6.39dBです．周波数800MHz付近で6.79dBと減衰量が増えています
が，周波数0.1M 〜 1GHzのレベル差は最大で0.5dBです．この結果から，6dBよりも
6.5dBのアッテネータとしたほうが適当かもしれません．

● 穴あき基板で製作したアッテネータ

　図4-11は，穴あき基板＋スズめっき線で配線した6dBアッテネータの周波数特性です．周
波数200MHzの減衰量は6.50dBです．周波数特性をみると，減衰量に変化がみられます．

　基板と配線の影響からか，周波数500M 〜 700MHzの減衰量が約7dBで1GHzでは
7.4dBとなりました．周波数0.1M 〜 500MHzのレベル差は最大で0.5dBなので，周波数
500MHz以下では6.5dBのアッテネータとして使えそうです．

■ アッテネータの使い方 ■

● tinySAのLOW入力

　図4-12(a)のように，max入力信号P_{max} 20dBm→アッテネータ→tinySAのLOW端子
の順に接続します．tinySAの最大許容入力は10dBm(10mW)なので，アッテネータを
10dBとすれば最大入力電力は20dBm(100mW)になります．3種類のアッテネータを，図
4-12(b)のように接続すると減衰量は19dBになりますが，アッテネータの抵抗の定格電
力が250mWなので，最大入力電力は25dBm(316mW)として使うのが良いでしょう．

● tinySAのHIGH入力に

　tinySAにはトランシーバ用ICのSi4432が使われていて，tinySAのHIGH入力端子は，

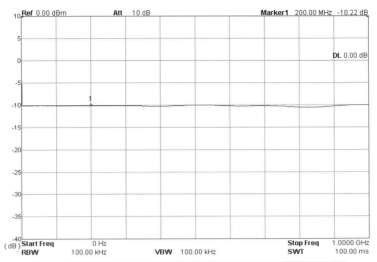

周波数200MHzの減衰量は10.22dB．周波数0.1M〜1GHzでのレベル差は
±0.3dBの範囲なので，10dBのアッテネータといえる

（a）10dBのアッテネータの周波数特性

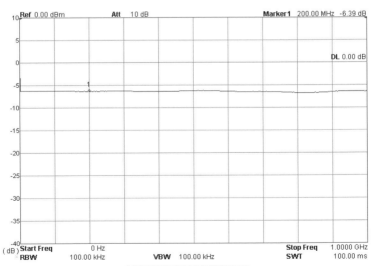

200MHzの減衰量は6.39dB

（b）6dBのアッテネータの周波数特性

図4-10　アッテネータの周波数特性

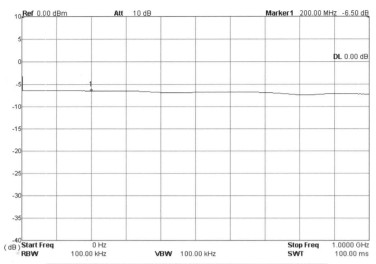

6dBのアッテネータとして製作したが200MHzの減衰量は6.50dB.
500MHz以上になると基板の影響が出る

図4-11　穴あき基板で製作したアッテネータの周波数特性

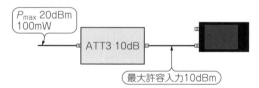

10dBのアッテネータを挿入すれば，最大入力電力は20dBm（100mW）になる

（**a**）10dBのアッテネータを挿入

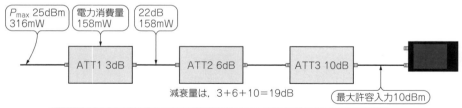

抵抗の定格電力が250mWを考慮して最大入力電力は25dBm（316mW）とする.
このときのATT1の消費電力は158mWになる

（**b**）3種類のアッテネータを挿入

図4-12　LOW端子にアッテネータを挿入

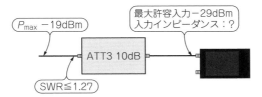

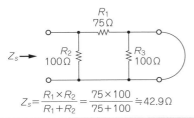

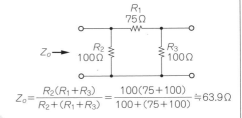

(a) 10dBのアッテネータを挿入

$$Z_s = \frac{R_1 \times R_2}{R_1 + R_2} = \frac{75 \times 100}{75 + 100} \fallingdotseq 42.9\,\Omega$$

SW≦1.27になるのでミスマッチングが改善できる

(b) 出力側ショート（短絡）

$$Z_o = \frac{R_2(R_1 + R_3)}{R_2 + (R_1 + R_3)} = \frac{100(75 + 75)}{100 + (75 + 75)} \fallingdotseq 63.9\,\Omega$$

(c) 出力側オープン（開放）

図4-13　HIGH端子にアッテネータを挿入

Si4432のアンテナ端子になっています．そのため入力信号の最大レベルは−29dBm以下に制限されています．またSi4432の入力インピーダンスは測定周波数により変化するので，厳密な測定器としては致命的な欠点になります．

　最大入力レベルを大きくするには，**図4-13**(a)のようにHIGH入力端子に，たとえば10dBのアッテネータを挿入すれば最大入力レベルは−19dBmとなります．

　また10dBのアッテネータは挿入することで，HIGH入力端子の入力インピーダンスの変化にも対応できます．ここで極端な例を取り上げ，tinySAの入力インピーダンスが短絡の0Ω〜開放の∞まで変化したときのアッテネータの入力インピーダンスを求めてみます．

　図4-13(b)のようにHIGH入力端子のインピーダンスが0ΩのときのインピーダンスZ_sを求めると，

$$Z_s = \frac{R_1 \cdot R_2}{R_1 + R_2} = \frac{75 \times 100}{75 + 100} \fallingdotseq 42.9\ [\Omega]$$

です．
　また**図4-13**(c)のようにHIGH入力端子のインピーダンスが∞のときのインピーダンス

マイクロストリップ・ライン

　直流回路や低周波回路では，下の図(a)のように信号が回路を一回りして戻ってくる集中定数回路の扱いをしますが，高周波回路では下の図(b)のように波動として信号が伝わっていく分布定数回路の扱いになります．

　分布定数回路では，波のような信号が問題なく伝わるように，伝送線路のインピーダンス・マッチングをとる必要があります．

　そこでプリントパターンでの信号線も，インピーダンス・マッチングがとれるマイクロストリップ・ラインと呼ばれる伝送線路として設計します．

　マイクロストリップ・ラインの構造は，右の図(a)のようにシールド面(GND面)とパターンの間に誘電体を挟んだ形です．高周波信号は進行波と呼ばれ，パターンとシールド面そして挟まれた誘電体により電磁波として伝わっていきます．

　伝送線路であるマイクロストリップ・ラインのインピーダンスは特性インピーダンスと呼ばれ計算することもできますが，かなり面倒な式なので設計ツールを利用して求めました．

　使った設計ツールは，右の図(b)の「高周波回路設計用の各種計算ツール」の「マイク

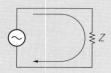

直流回路や低周波増幅回路の考え方
信号は回路を一巡して戻ってくる

（a）集中定数回路

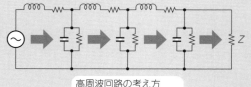

高周波回路の考え方
信号は波動として伝わる

（b）分布定数回路

集中定数回路と分布定数回路

Z_o を求めると，

$$Z_o = \frac{R_2(R_1 + R_3)}{R_2 + (R_1 + R_3)} = \frac{100(75 + 100)}{100 + (75 + 100)} \fallingdotseq 63.6 \ [\Omega]$$

です．

　つまり10dBのアッテネータを挿入しておくことで，tinySAのHIGH入力端子のインピーダンスが $0 \sim \infty\,\Omega$ に変化してもアッテネータの入力インピーダンスは $42.9 \sim 63.6\,\Omega$ なので，最悪の場合でもSWR $\fallingdotseq$ 1.27となりミスマッチングが改善できます．

ロストリップ・ライン　設計ツール」です.

　ここでプリント基板の厚さHを1.2mm,　ストリップ動体厚さT(銅箔の厚さ)を36μm (1oz),　誘電体の比誘電率εrを4.8,　インピーダンスZ_oを50Ωとすると,　マイクロストリップ・ラインの幅Wは約2.1mmになります.

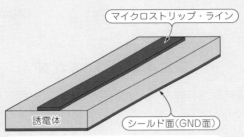

高周波信号はパターンとシールド面そして誘電体により電磁波として伝わる

（a）マイクロストリップ・ラインの構造

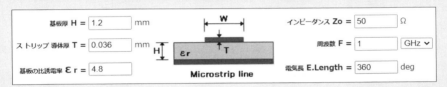

H=1.2mm,　T=35μm(1oz),　εr=4.8,　Z_0=50Ωとすると,
マイクロストリップ・ラインの幅：W=2.126≒2.1mmになる

（b）ネット上の設計ツールでマイクロストリップ・ラインを設計した

マイクロストリップ・ライン

■ 広帯域アンプの製作

　tinySAをLOW出力モードにすると,　0.1M～350MHzの信号発生器になります.　tinySAは内部で矩形波の信号を発生させ,　高性能のフィルタを通して純度の高い正弦波を出力します.　しかし最大出力レベルは−7dBm(0.2mW)と,　シグナル・ジェネレータとしては出力不足ぎみです.

　そこでtinySAの出力信号を広帯域アンプで増幅して,　出力レベルをUPします.

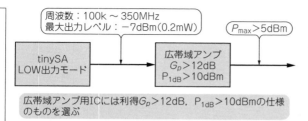

表4-1　ADL5535の仕様

電源電圧	Vcc	5V
動作電流	Ic	97mA
電力利得	Gp	16.1dB (at 190MHz)
周波数帯域	f	20M ～ 1GHz
P_{1dB}	－	18.9dBm
NF	－	3.2dB

図4-14　tinySAのLOW出力モードと広帯域アンプの関係

■ 広帯域アンプの設計 ■

● 広帯域アンプ用IC

図4-14は，tinySAのLOW出力モードの出力信号をこれから製作する広帯域アンプで増幅するときの接続図です．LOW出力モードの出力を増幅するアンプとして必要な周波数帯域は100k ～ 350MHzですが，他の用途にも流用できるように100k ～ 1GHzとしました．

最大出力レベル P_{max} を5dBm（6.31mW）以上とすると，広帯域アンプの電力利得 G_p は12dB以上が必要です．また P_{max} が5dBm以上なので，アンプのひずみに関係する1dB圧縮ポイント P_{1dB} が10dBm以上の広帯域アンプを選びます．

以上の周波数帯域，利得，1dB圧縮ポイントの仕様で，これに合うICは数多くありますが，入手しやすさと価格面から，ADL5535（アナログ・デバイセズ）を選びました．

ADL5535の仕様によると，電力利得 G_p は16.1dB，P_{1dB} は18.9dBmなので電力利得 $G_p \geq$ 10dB，$P_{1dB} \geq$ 10dBmの仕様を満たしています（**表4-1**）．しかし周波数帯域は20M ～ 1GHzなので，周波数100k ～ 20MHzの信号は帯域外です．

ここでは設計変更により100k ～ 20MHzの信号も周波数帯域内におさめ，周波数帯域100k ～ 1GHzの広帯域アンプとします．

● 広帯域アンプの回路

図4-15は，ADL5535のデータシート記載の基本接続図から起こした回路図です．インダクタ L はRFC（radio frequency choke coil：高周波チョークコイル）です．RFCの作用により，周波数20MHz以上の信号は $C_2 \rightarrow$ OUT →負荷へと流れ出力信号になります．一方周波数20MHz以下の信号は，RFC → C_4 と $C_5 \rightarrow$ GNDにも流れるので，出力信号レベルは下がります．

ここで周波数帯域の最低周波数 $f = 20$MHzのときのリアクタンス X_L を求めると，

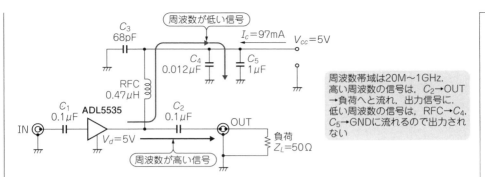

図4-15　ADL5535の回路例

$$X_1 = 2\pi fL = 2\pi \times 20 \times 10^6 \times 0.47 \times 10^{-6} \approx 59 \ [\Omega]$$

です．ということから，$f=100$kHzのとき電源側のインピーダンスが59Ω程度になるように回路設計すれば，最低周波数を100kHzとすることができます．

図4-16(a)は，設計した周波数帯域が100k〜1GHzの広帯域アンプの回路図です．周波数100kHzのとき，インダクタLと抵抗R_bの合成インピーダンスZを求めると，

$$Z = R_b + jX_L = 50 + j0.30 \approx 50 \ [\Omega]$$

です．$f=100$kHzではリアクタンス分は0.3Ωなので，R_bにより電源側のインピーダンスは50Ωとなります．

● 電源電圧を求める

図4-16(b)はADL5535の電流値-温度の特性です．この特性から電流I_cと電圧V_dの関係は，$V_d=4.75$Vのとき$I_c=83$mAです．この値から電源電圧V_{cc}を求めると，

$$V_{cc} = V_d + R_b I_c = 4.75 + 50 \times 83 \times 10^{-3} = 8.9 \ [V]$$

なので，V_{cc}を9.0Vにします．

また抵抗R_bの電力P_Rは，

$$P_R = R_b I^2 = 50 \times 0.083^2 \approx 344 \ [mW]$$

なので，R_bを定格電力250mWのチップ抵抗3216(外形3.2×1.6mm) 100Ωの並列接続と

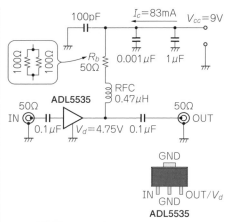

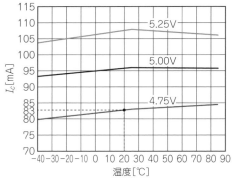

電圧V_d=4.75V，電流　=83mAとすると，
$V_{cc}=V_d+R_bI_c$=4.75+50×83×10⁻³=8.9V
となるので，V_{cc}は9.0Vにした．
抵抗R_bの電力P_Rを求めると，
$P_R=R_b×I^2$≒344mW
となったので，チップ抵抗100Ω(3216：定格電力
0.25W)を並列接続することにした

インダクタLに抵抗R_b=50Ωを直列接続すると
f=100kHzのときの電源側のインピーダンスは
50Ωになるので電源側に信号が流れにくくなる

(a) 周波数帯域100k～1GHzの広帯域アンプの
回路図

(b) ADL5535の電圧と電流の関係

図4-16 広帯域アンプの回路図

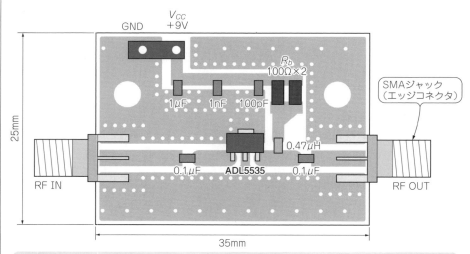

両面ガラスエポキシ基板で基板の厚さは1.2mm，信号線の幅を2.1mmにすると，インピーダンスは50Ω
になる．部品はパターン面にはんだ付けする

図4-17 広帯域アンプの部品配置図

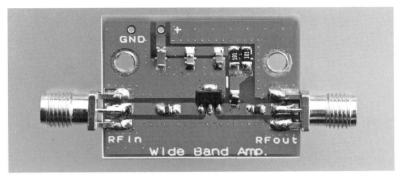

写真4-3　LOW出力モード出力の増幅用広帯域アンプ

すれば，定格電力は計0.5Wになります．ただICにはバラツキがあるので，広帯域アンプ
の電流値が80mA程度になるように電源電圧を調整します．

■ 製　作 ■

● プリント基板の仕様

　図4-17は，設計したプリント基板の部品配置図です．プリント基板は，両面ガラスエ
ポキシです．基板の厚さが1.2mmなので，マイクロストリップ・ラインの幅を2.1mmに
すると信号線のインピーダンスが50Ωになります．

　コンデンサとインダクタのサイズは2012タイプ（外形2×1.2mm），抵抗は3216タイプ
（外形3.2×1.6mm）です．またSMAジャックは，基板の横からはんだ付けするエッジコ
ネクタです．

　写真4-3は，実際に作ったtinySAのLOW出力モード信号増幅用の広帯域アンプです．

■ 特性測定 ■

● 周波数特性を測定

　図4-18は，LOW出力モード用の広帯域アンプの周波数特性です．図4-18（a）の0～
1MHzの特性を見ると低域遮断周波数（カットオフ周波数）は約50kHzで，周波数100kHz
の電力利得は15.69dBです．

　図4-18（b）の0～500MHzの特性では，100MHzの電力利得は15.62dBで，350MHzの電
力利得は15.54dBです．100k～350MHzの周波数特性はフラットで，電力利得の差は
0.15dBです．LOWモード出力増幅用のアンプとして理想的な特性になりました．

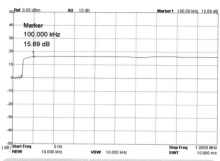

低域遮断周波数は約50kHzで，100kHzの電力利得は15.69dB

（a）周波数0〜1MHz

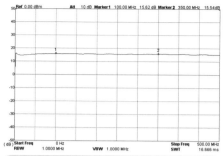

100MHzの電力利得は15.62dBで，350MHzの電力利得は15.54dB．100k〜350MHzの周波数特性はフラット

（b）周波数0〜500MHz

図4-18
周波数特性
tinySAのLOWモード出力の周波数は100k〜350MHzで，出力レベルが−7dBm，アンプの電力利得を15.6dBとすると出力レベルは＋8.6dBmになる

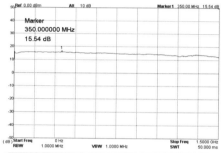

1GHzでは電力利得は14.4dB，周波数帯域50k〜1.5GHzの広帯域アンプにもなる

（c）周波数0〜1.5GHz

　図4-18(c)は0〜1.5GHzの特性です．1GHzの電力利得は14.4dBなので，周波数帯域50k〜1.5GHzの広帯域アンプとしても利用できます．

● 入出力特性

　図4-19は，入力電力P_iと出力電力P_oの特性です．

　動作周波数をLOW出力モードの中心付近150MHzで測定しました．P_iをtinySAのLOW出力モードの最大出力レベル−7dBmとすると出力レベルは8.6dBmなので電力利G_pは15.6dBです．またRFアンプの直線性の指標になるP_{1dB}は18.6dBmなので，リニア領域内でも余裕のある動作になります．

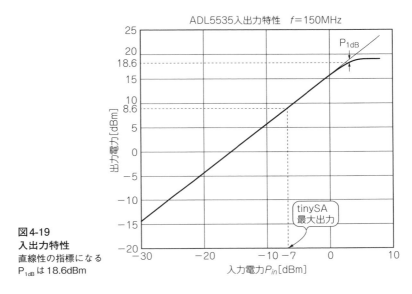

図4-19
入出力特性
直線性の指標になる
P_{1dB} は 18.6dBm

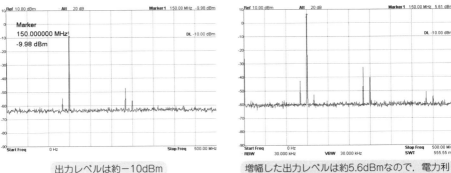

出力レベルは約－10dBm

（a）tinySA LOW出力

増幅した出力レベルは約5.6dBmなので，電力利得は約15.6dB

（b）広帯域アンプの出力

図4-20　tinySA の LOW 出力を増幅
tinySA の出力信号を広帯域アンプで増幅すれば，最大出力は 5dBm 以上になる

■ tinySAの発振器動作の出力信号を広帯域アンプで増幅 ■

tinySA を LOW 出力モードに設定して，広帯域アンプで増幅した波形を測定します．
図4-20(a)は tinySA の出力信号のスペクトルです．周波数150MHzで出力レベルを

CAL信号器とtinySAで広帯域アンプの利得を測定する

　広帯域アンプの電力利得を測定するには，トラッキング・ジェネレータ搭載のスペクトラム・アナライザ，または発振器とスペクトラム・アナライザが必要です．ここではCAL発振器を広帯域アンプの入力信号にし，tinySAで電力レベルを測定して広帯域アンプの電力利得を求めてみます．

　右の図(a)のように，CAL発振器→広帯域アンプ→tinySAの順に接続します．CAL信号発振器は，出力周波数250MHz，出力レベル −33.3dBmです．周波数250MHzだけの測定値になりますが，広帯域アンプの周波数特性がフラットなので100k ～ 350MHzの利得としても問題はありません．

　次にtinySAで広帯域アンプの出力レベルP_oを測定すると，右の図(b)のように出力は−17.3dBmです．広帯域アンプの入力信号P_iはCAL発振器なので−33.3dBm，したがって広帯域アンプの電力利得G_pは，

$$G_p = P_o - P_i = -17.3 - (-33.3) = 16dBm$$

のように求めることができます．

−10dBmとしました．130MHzのあたりと300MHzのあたりにスプリアスが見られます．

　図4-20(b)は広帯域アンプの出力のスペクトルです．入力信号のレベルは約−10dB，増幅後の出力信号は約5.6dBなので電力利得は約15.6dBです．

　このアンプの周波数特性は，0.1M ～ 350MHzはフラットです．このアンプで増幅することによりtinySAの出力信号を5dBm以上にすることができます．

■ ノイズジェネレータの製作

　ノイズジェネレータとは，その名のとおりノイズを発生する電子回路です．見方を変えれば立派な発振器，しかも広帯域にわたって信号を発生する発振器です．

　tinySAのようなスペクトラム・アナライザ(スペアナ)でアンプやフィルタの周波数特性を測定しようとすると，それなりの広帯域発振器が必要になります．そこでノイズジェネレータを広帯域発振器に見立てて，tinySAで周波数特性を測定してみます．

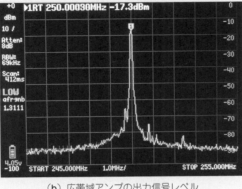

広帯域アンプの入力レベルP_i=−33.3dBm，出力レベルP_o=−17.3dBmなので，電力利得G_p=16dBになる

広帯域アンプの電力利得を測定
広帯域アンプの入力信号はCAL発振器の信号，そして広帯域アンプの出力をtinySAで測定

CAL発振器→広帯域アンプ→tinySAの順に接続

(a) 測定接続図

(b) 広帯域アンプの出力信号レベル

■ ノイズジェネレータのしくみ ■

● 0.1M ～ 960MHzのノイズジェネレータ

理想のノイズジェネレータは，広帯域の周波数で一定レベルのノイズを発生します．つまり周波数が変化してもノイズの出力レベルは変化せず，しかも必要な出力レベルが得られます．ここではtinySAの動作周波数帯域0.1M ～ 960MHzの簡易的なノイズジェネレータを作ります．周波数により出力レベルが変動したときは，測定データを補正することにします．

● ブロック図

図4-21はノイズジェネレータのブロック図です．ツェナーダイオードのノイズをノイズ発生源として，広帯域増幅回路で増幅して出力信号とします．広帯域増幅回路はダイオードから発生する微少なノイズを増幅して，出力レベル−40 ～ −30dBmのノイズ信号にしています．

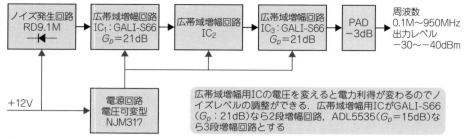

図4-21　ノイズジェネレータのブロック図

　広帯域増幅回路は2段または3段増幅回路とすることで，いろいろな広帯域ICで製作できるようにし，ICにより電源電圧が違ってくるので，電源回路は電圧可変型としました．また電源電圧によりノイズレベルを調整できます．

RFアンプの直線性の指標P₁dB

　下の図のように，増幅回路の入出力特性は，小信号のときは入出力は比例しますが，大信号になると比例しなくなり出力信号はひずみます．
　そこでRFアンプのリニア領域と飽和領域を分けるポイントをP₁dB（1dB圧縮ポイント：1dB compression point）とし，理想的な比例直線と実際の増幅回路の特性との差が1dBになるときの出力レベルの値で表し，増幅回路の最大出力の目安とします．

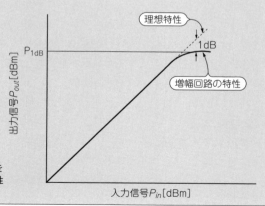

アンプの直線性の指標P₁dB
RF増幅回路のリニア領域と飽和領域を分けるポイントをP₁dBで表し，理想特性との差が1dBになったときの値とする

ノイズジェネレータの信号は，PAD（アッテネータPAD）の役目をする3dBのアッテネータを通して出力しています．

■ ノイズジェネレータの設計と回路図 ■

図4-22はノイズジェネレータの回路図です．通常の高周波回路はノイズを抑える設計ですが，逆にノイズを発生させる回路になります．広帯域増幅回路は，GALI-S66+の2段増幅回路です．それ以外のデバイスでは，ADL5535を3段にした増幅回路でも実現できそうですが，今回はGALI-S66+を使います．

● ツェナーダイオード

ノイズ発生用のツェナーダイオードは，ツェナー電圧9.1VのRD9.1MまたはBZX55C9V1です．電源電圧の関係から9.1Vのツェナーダイオードとしました．ツェナーダイオードのノイズレベルは，ツェナー電圧が高いほど大きくなる傾向があります．

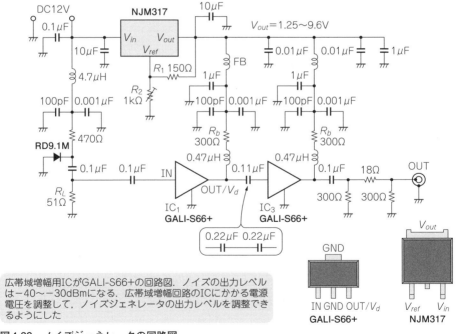

広帯域増幅用ICがGALI-S66+の回路図．ノイズの出力レベルは−40〜−30dBmになる．広帯域増幅回路のICにかかる電源電圧を調整して，ノイズジェネレータの出力レベルを調整できるようにした

図4-22　ノイズジェネレータの回路図

型番	メーカ名	周波数帯域	ゲイン-周波数		出力(P_{1dB}) [dBm]	NF [dB]	デバイス電圧 V_d[V]	デバイス電流 I_d[mA]
			周波数[GHz]	ゲイン[dB]				
GALI-S66+	ミニサーキット	DC ～3GHz	0.1	21.6			3～4	16 (at V_d=3.5V)
			1	20.3				
			2	18.2	3.3	2.4		
			3	16.4				
ADL5535	アナログデバイセズ	20MHz ～1GHz	0.02	16.7	17.7	3	4.5～5.5	97 (at V_d=5V)
			0.38	15.8	18.9	3.3		
			1	14.9	18.9	3.3		

ノイズジェネレータの増幅回路用IC. おすすめはGALI-S66+だが, 他にも使えるICの例としてADL5535を取り上げた.

図4-23　ノイズジェネレータの広帯域増幅用ICの電気的特性

● 広帯域増幅用IC

図4-23はGALI-S66+（ミニサーキット）との電気的特性です. 候補だったADL5535（アナログ・デバイセズ）の電気的特性も併せて見てください.

ノイズジェネレータの出力レベルは小さいので, おすすめはGALI-S66+です. GALI-S66+の電力利得を約21dBなので, 2段増幅回路として電力利得を計42dBとします. また出力レベルの目安になるP_{1dB}は3.3dBmなので, ノイズジェネレータの増幅用ICとして適当といえます.

ADL5535は入手可能な広帯域増幅用ICの1つで電力利得は15dB程度です. 3段増幅回路にすれば電力利得は45dBになります. ただしADL5535の電流I_dは83mA（V_d = 4.75V）, 3つのICで計249mAにもなるの電源や放熱にはそれなりの対策が必要になります.

なおADL5535の詳細は前項の「広帯域アンプの製作」を参照してください.

● PADでミスマッチングの影響を和らげる

測定中にノイズジェネレータの出力側がショートまたはオープンになることがあります. その状態では, ノイズジェネレータの出力段のICがダメージを受けてしまいます.

そこで出力側に, 図4-24のようなPADと呼ばれる3dBの抵抗減衰器を入れてミスマッチングの影響が和らぐようにします.

図4-24（a）のように出力側がオープン（開放）のときのインピーダンスZ_oは,

$$Z_o = \frac{R_2(R_1+R_3)}{R_2+(R_1+R_3)} = \frac{300(18+300)}{300+(18+300)} \fallingdotseq 154 \ [\Omega]$$

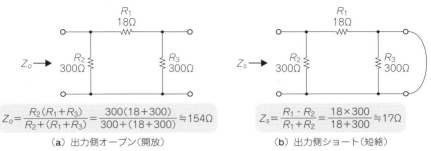

$$Z_o = \frac{R_2(R_1+R_3)}{R_2+(R_1+R_3)} = \frac{300(18+300)}{300+(18+300)} \fallingdotseq 154\Omega$$

（a）出力側オープン（開放）

$$Z_s = \frac{R_1 \cdot R_2}{R_1+R_2} = \frac{18\times300}{18+300} \fallingdotseq 17\Omega$$

（b）出力側ショート（短絡）

図4-24　PADでミスマッチングを改善
PADを入れることにより最悪の場合でもSWR≒3となる

図4-24（b）のように出力側がショート（短絡）のときのインピーダンスZ_sは，

$$Z_s = \frac{R_1 \cdot R_2}{R_1+R_2} = \frac{18\times300}{18+300} \fallingdotseq 17 \ [\Omega]$$

となり，整合パッドなしのときのSWR＝∞が最悪の場合でも，SWR≒3に改善できます．

● **電源回路は電圧可変型**

　定電圧用ICは電圧可変型レギュレータのNJM317です．NJM317の出力V_{out}は広帯域増幅用ICの電源電圧になります．電源電圧を変えることでICの電力利得が調整できます．これで，ノイズジェネレータの出力レベルを調整できます．

　図4-25は，可変レギュレータNJM317の出力電圧V_{out}を設定する回路です．また出力電圧V_{out}は次の式で求めることができます．

$$V_{out} = V_{\mathrm{REF}}\left(1 + \frac{R_2}{R_1}\right)$$

より，

$$R_1 = 150 \ \Omega, \ R_2 = 1\mathrm{k}\Omega（半固定抵抗），\ V_{REF} = 1.25\mathrm{V}$$

とすると，

$$R_2 = 0 \ \Omega なら，\ V_{out} = 1.25 \ [\mathrm{V}]$$

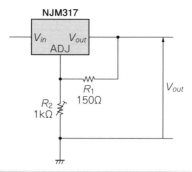

$$V_{out} = V_{REF}\left(1 + \frac{R_2}{R_1}\right) \quad より$$

$R_2 = 930\Omega$なので$R_2 = 910\Omega$とする

- R_2を半固定抵抗とすると，出力電圧V_{out}は1.25～9.6Vになる
- $V_{out} = 9V$としてR_2を求めると

図4-25　NJM317で出力電圧を可変する回路

$$R_2 = 1\mathrm{k}\Omega なら, \quad V_{out} \fallingdotseq 1.25\left(1 + \frac{1000}{150}\right) \fallingdotseq 9.58 \ [\mathrm{V}]$$

したがって，V_{out}は1.25 ～ 9.58Vになります．

また$V_{out} = 9V$の固定とする場合，半固定抵抗を固定抵抗$R_2 = 930\ \Omega$としますが，入手できる近い値の910 Ωにした場合は，$V_{out} \fallingdotseq 8.8V$になります．

■ 製　作 ■

● プリント基板で製作する

　図4-26がGALI-S66+で製作する2段増幅回路のノイズジェネレータの部品取付図です．プリントパターンは3段増幅回路と共用できるようにしました．GALI-S66＋を使った2段増幅とする場合は，**写真4-4**のようにIC$_2$をジャンパー抵抗0 Ωでブリッジして接続します．

　基板サイズは60 × 30mmで厚さ1.2mmの両面ガラスエポキシ基板です．信号線になるマイクロストリップ・ラインのインピーダンスが50 Ωになるように，パターンの幅は2.1mmとしました．裏面はジャンパー線の役目をするパターンとNJM317のケースパターンがありますが，それ以外はベタGNDになっています．

　写真4-4は，表面実装のパーツをはんだ付けして完成したノイズジェネレータです．

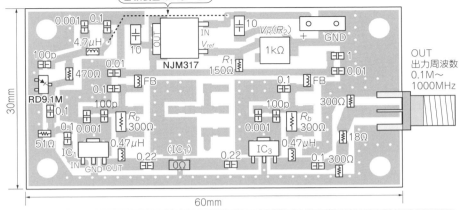

IC₁, IC₃：GALI-S66+　[0Ω]：ジャンパー抵抗0Ω
注：ADL5535を使うときは3段増幅回路にする．R_bは100Ω（3215）を2本並列接続してR_b＝50Ωとする

図4-26　ノイズジェネレータの部品取付図
厚さ1.2mmの両面ガラスエポキシ基板で製作．裏面はジャンパー線の役目をするパターンがあるが，ほぼベタGND

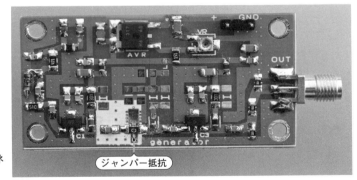

写真4-4
完成したノイズジェネレータ

ジャンパー抵抗

■ ノイズジェネレータの出力測定 ■

● ICの電圧調整

GALI-S66+の回路電圧を9Vに設定します．

ノイズジェネレータに電源を加える前に，半固定抵抗VR(R_2)を1/2くらいにします．

電圧計をNJM317のOUT端子とGNDに接続し，電源電圧 E = 12Vを加えます．

次に半固定抵抗VRを回して，電圧計の指示が9Vになるように調整します．念のためにGALI-S66+のデバイス電圧 V_d が約3.5Vになっていることを確かめます．

● スペクトラム・アナライザで測定

ノイズジェネレータの出力信号をスペクトラム・アナライザで測定しました．

ツェナーダイオードは，流れる電流値によりノイズレベルが変化します．電流は，電源→抵抗470Ω→ツェナーダイオードの順に流れるので，電源電圧を変えればツェナーダイオードの電流値も変わります．それではスキャン周波数を0〜1GHzとし，電源電圧 E を変えて測定してみます．なおスペクトラム・アナライザのRBWは1MHzです．

図4-27(a)は電源電圧 E = 10Vとしたときの測定結果です．ツェナー電圧 V_z を9.1Vとするとツェナーダイオードの電流 I_z は，

$$I_z = \frac{E - V_z}{R_z} = \frac{10 - 9.1}{470} \fallingdotseq 1.9 \ [\mathrm{mA}]$$

です．

およそのノイズレベルは，周波数200MHzで－30dBm，1GHzでは－38dBmと周波数によりレベル差が8dBもあります．

図4-27(b)の E = 12Vでは，周波数200MHzと1GHzのレベル差は2dB程度です．ノイズの出力レベルも－32dBmほどなので，ノイズジェネレータとして良好な特性と言えます．

一方，図4-27(c)の E = 14Vでは，レベル差は小さくほぼフラットな特性です．ただ出力レベルは－35dBmと小さくなります．

以上の特性から，ツェナーダイオードに流す電流が小さくすると600MHz以下のノイズレベルは大きくなりますが，逆に600MHz以上では小さくなりレベル差が生じます．

ここでは出力レベルとレベル差から，E = 12Vとしました．

また，図4-27(d)はスキャン周波数0〜10MHzの測定画面です．周波数0.1M〜10MHzでもノイズジェネレータからノイズが発生していることがわかります．

● tinySA-Appで測定

図4-28(a)は，ノイズジェネレータの出力をtinySAのLOWモードで測定したスペクトル画面です．スキャン周波数0.1〜350MHz，アッテネータ10dB，RBW600kHzとし，測定レベルは－20〜－120dBmに設定します．ノイズジェネレータをOFFにしてノイズフ

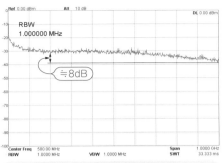

ツェナーダイオードの電流I_z=1.9mA
ノイズレベルは大きいが，レベル差が8dBもある

（a）E=10Vのとき

周波数200MHzと1GHzのレベル差は約2dB

（b）E=12Vのとき

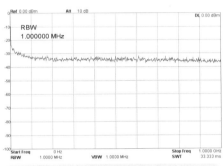

レベル差は小さくほぼフラットだがノイズレベル
は小さくなる

（c）E=14Vのとき

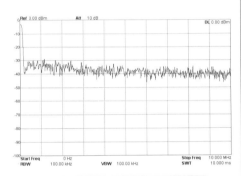

周波数0.1M～10MHzにもノイズが発生

（d）測定周波数0～10MHzのノイズレベル

図4-27　ノイズジェネレータの出力レベルの測定
ツェナーダイオードは電流値によりノイズレベルが変化するので，電流値に関係する電源電圧Eを変えてノイズを測定してみた

ロアを測定すると－82～－75dBmで，ノイズジェネレータをONにしたときのノイズレベルが約－40dBmです．

　図4-28（b）はHIGHモードで測定したスペクトル画面です．HIGHモードではノイズジェネレータの出力レベルが－50dBm以上になるとtinySAは飽和状態になってしまったので，電源電圧の調整と10dB＋6dBの計16dBのアッテネータでレベルを約－60dBmにします．ここでは信号レベルを下げるためにアッテネータを入れましたが，HIGHモードではtinySAの入力インピーダンスは周波数によって変わるので，ミスインピーダンスの影

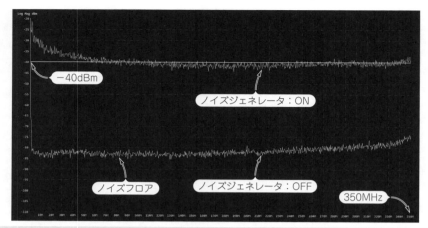

ノイズジェネレータの信号をtinySAのLOW端子に入力して測定．tinySAの測定値は約40dBmになった

（a）測定周波数0.1M〜350MHz

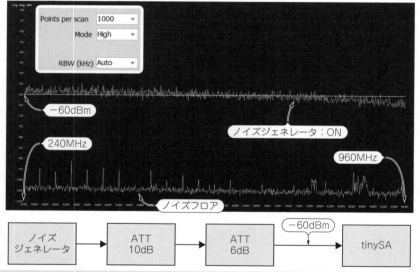

「Mode」を[High]にして，High入力モードにする．ノイズジェネレータの出力レベルが−50dBm以上でtinySAは飽和状態になる．電源電圧の調整とアッテネータでレベルを約−60dBmにした

（b）測定周波数240M〜960MHz

図4-28　tinySAで製作したノイズジェネレータの出力信号を測定
ツェナーダイオードは電流値によりノイズレベルが変化するので，電流値に関係する電源電圧を変化させてノイズを測定した

ツェナーダイオードの特性

　ツェナーダイオードに逆方向の電圧をかけていくと，下の図のように急に電流が流れ始める降伏現象が生じます．この降伏現象の起きる電圧を降伏電圧と呼び，降伏電圧の6V前後を境にして，低い場合はツェナー降伏，高い場合はアバランシェ降伏と考えることができます．

　ダイオードから発生するノイズレベルはアバランシェ降伏のほうが大きいので，ツェナー電圧7〜12V程度のツェナーダイオードをノイズ発生源とします．

　最近のツェナーダイオードはノイズレベルが低く抑えられているので，旧タイプのツェナーダイオードの方がむしろノイズ発生源の用途には向いています．

　ノイズ発生源用のダイオードというものも販売されていますが，価格は数千〜数万円と一般的なツェナーダイオードに比べて高価です．

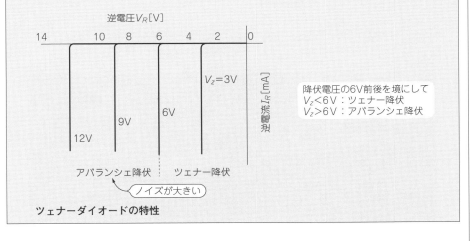

ツェナーダイオードの特性

響を和らげる役目もします．

■ tinySAとノイズジェネレータの組み合わせで測定 ■

● LOW入力モードで高周波アンプの特性測定

　ノイズジェネレータとtinySA，それとPCアプリのtinySA-AppでVHF帯の高周波アンプの利得と周波数特性を測定しました．

　tinySA-Appでスキャン周波数80〜130MHz，アッテネータ10dB，RBW600kHz，測定

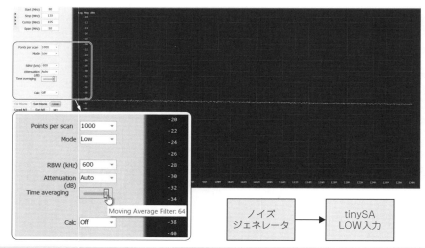

ノイズジェネレータとtinySAを接続し，[Timeaveraging]の[Moving Average Filter:64]に設定して測定する．ノイズジェネレータのレベルは−42dBm(at 110MHz)．この値がアンプの入力信号レベルP_iになる

(a) ノイズジェネレータのレベルを測定

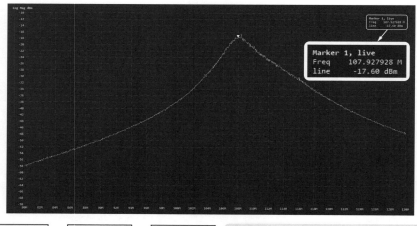

高周波アンプを接続して測定．共振周波数が約107.9MHz，アンプの出力信号レベルP_oは−17.60dBmなので電力利得G_pは，
$G_p = P_o - P_i = -17.60 - (-42) = 24.4$dBになる

(b) 高周波アンプの測定

図4-29　高周波アンプの利得と周波数特性を測定
測定周波数：80M 〜 130MHz，ATT：10dB，RBW：600kHz，測定レベル：−10 〜−70dBm に設定

レベル−10 〜 −70dBmに設定します．測定対象の高周波アンプは，VHF帯のプリアンプです．

　最初にノイズジェネレータとtinySAのLOW入力を接続してノイズジェネレータのレベルを測定します．

　図4-29(a)のように，tinySA-Appのメニュー[Time averaging]の[Moving Average Filter:64]に設定して測定すると，ノイズ波形が平均化された滑らかな波形になります．平均化回数を最大の64回とした場合，時間は数十秒かかります．平均化されたノイズジェネレータの信号レベルを読むと約−42dBm，この値が測定する高周波アンプの入力信号レベルP_iになります．

　次にノイズジェネレータ→高周波アンプ→tinySAの順に接続し，[Moving Average Filter:64]のままで測定しました．

　高周波アンプの周波数特性は図4-29(b)のようになりました．[Marker 1]の測定値から共振周波数は約107.9MHz，アンプの出力信号レベルP_oは−17.60dBmでした．

　P_iとP_oの測定値から，サンプルとして測定した高周波アンプの電力利得G_pを求めると，

$$G_p = P_o - P_i = -17.60 - (-42) = 24.4 \ [\text{dB}]$$

となります．

● HIGH入力モードでフィルタの特性測定

　HIGH入力モードでノッチフィルタの周波数特性を測定してみましょう．図4-30(a)のように，

ノイズジェネレータ→ノッチフィルタ→アッテネータ16dB→tinySA

の順に接続します．

　tinySA-Appのメニューで，[Mode]を[High]，アッテネータ[Auto]，RBW[Auto]，[Moving Average Filter:64]に設定します．またスタート周波数を300MHz，ストップ周波数を800MHzに，測定レベルを−120 〜 −20dBmに設定します．

　ノッチフィルタの周波数特性は図4-30(b)のようになり，[Marker 2]の測定値からノッチ周波数は約482.2MHz，レベルは−84.82dBmということがわかりました．

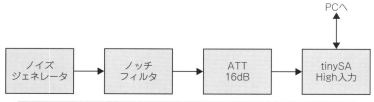

ノイズジェネレータ→ノッチフィルタ→アッテネータ16dB→tinySAの順に接続

（a）特性測定の接続図

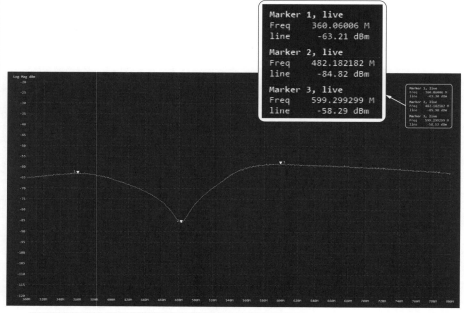

```
Marker 1, live
Freq      360.06006 M
line       -63.21 dBm

Marker 2, live
Freq      482.182182 M
line       -84.82 dBm

Marker 3, live
Freq      599.299299 M
line       -58.29 dBm
```

アッテネータ：[Auto]，RBW：[Auto]，[Moving Average Filter:64]で測定ノッチ周波数は約482.2MHz，レベルは−84.82dBmと測定

（b）ノッチフィルタの周波数特性

図4-30　ノッチフィルタの特性測定

tinySAの特性測定

tinySAの入力信号のレベルに対する直線性と，周波数特性を測定してみます．

■ LOW入力モードの特性測定

● 直線性の測定

下図(a)は，測定周波数150MHzのときの入力信号レベルに対する誤差の特性です．SSGの出力レベルの範囲は−80 〜 +10dBmです．

tinySAの仕様での誤差は±1dB以内となっていますが，測定データでは±0.4dB以下になりました．入力信号レベル−80 〜 +10dBmで誤差が±0.4dB以下という特性なので，直線性が良好な測定器といえます．

なおレベル・キャリブレーションはtinySA本体に内蔵された発振器ですが，かなり正確な校正が行われていることになります．

● 周波数特性の測定

下図(b)は，SSGの出力レベルを−30dBmに設定し，入力周波数を0.1M 〜 350MHzと変化させた特性です．

周波数0.1M 〜 320MHzでの誤差は±0.8dB以下ですが，350MHzでの誤差は+2.2dBと大きくなっています．測定の際は340M 〜 350MHzの誤差に留意しましょう．

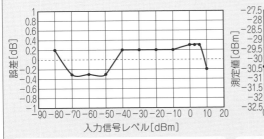

測定周波数150MHzのときの入力信号レベルに対する誤差．tinySAの仕様では誤差は±1dBだが，測定データは±0.41dB以下になった

(a) 入力レベルと測定誤差

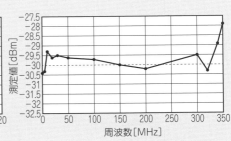

入力信号レベル−30dBmのときの周波数と誤差．周波数0.1M〜320MHzの誤差は±0.8dB以下になるが，340M〜350MHzでは誤差が大きくなる

(b) 周波数特性

LOW入力モードの特性測定

■ HIGH入力モードの特性測定

● 直線性の測定

　下図(a)は，周波数500MHzのときの入力信号レベルに対する誤差の特性です．HIGH入力モードでは，アッテネータ[ATTENUATE]の設定が[0dB]または[22.5-40]になっているので，それぞれの設定で測定しました．なおレベル・キャリブレーションはアッテネータの設定を[0dB]とし，出力レベル−35dBmのSSGで校正しました．

　アッテネータ[0dB]のときの測定値は−80 〜−30dBmです．誤差は−1.8dB以下なので，まあまあの精度の測定器と言えます．しかしアッテネータが[22.5-40]では入力レベルの全般にわたり誤差が大きい特性になっています．たとえば入力信号レベルが−20dBmでは−8dBmにもなります．

● 周波数特性の測定

　下図(b)は，SSGの出力レベルを−35dBmに設定し，入力周波数を240M 〜 960MHzと変化した特性です．ここではアッテネータ[0dB]，アッテネータ[22.5-40]のそれぞれについてレベル・キャリブレーションして校正しました．

　周波数240M 〜 500MHzの誤差は，アッテネータ[0dB]では±0.5dB以下，アッテネータ[22.5-40]では±2dB以下です．周波数500M 〜 940MHzの誤差は大きくなり，[0dB]では±3dB以下，[22.5-40]では最大+8dBにもなります．

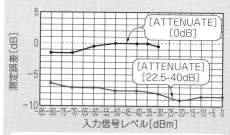

測定周波数500MHzのときの入力信号レベルに対する誤差．[ATTENUATE]は[0dB]の設定とし，[−35dBm]でレベル・キャリブレーションをして校正した

(a) 入力レベルと測定誤差

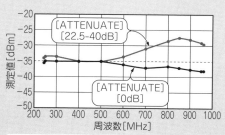

入力信号レベル−35dBmのときの周波数と誤差．[ATTENUATE]が[0dB]，[ATTENUATE]が[22.5-40dB]のそれぞれについてレベル・キャリブレーションをして校正した

(b) 周波数特性

HIGH入力モードの特性測定

Appendix ── tinySAのクイックガイド

Main Menu	項目と動作
PRESET	**設定の保存・読み込み** ［LOAD］　STOREで保存した設定データを読み込む ［STORE］　設定データを保存
FREQUENCY	**周波数に関する設定** ［START/STOP］　スキャン開始/スキャン停止 の周波数設定 ［CENTER］　スキャン周波数の中心周波数設定 ［SPAN］　スパン（STOP‐START周波数）の設定 ［ZERO SPAN］　SPANを0Hzにする ［RBW］　分解能帯域幅のことで，スペアナではフィルタの設定になる
LEVEL	**信号レベルに関する設定** ［REF LEVEL AUTO/MANUAL］　レベルの最大目盛の設定 ［SCALE/DIV］　目盛1分割あたりの単位量 ［ATTENUATE］　ATTの減衰量の設定 ［UNIT］　数値の単位を設定．単位は［dBm］［dBmV］［dBuV］［V］［W］ ［EXTERN GAIN］　アンプまたはATTを接続したときの補正値． 　　　　　　　　　単位は［dB］ ［TRIGGER］　スキャン動作のトリガーモードの設定． 　　　　　　　通常はAUTO．他にNORMAL，SINGLE，LEVEL， 　　　　　　　UP/DOWNEDGE，PRE|MID|POST ［LISTEN］　AM/FM波の復調の設定
DISPLAY	**画面表示方法の設定** ［PAUSE SWEEP］　スキャン（スイープ）の一時停止 ［CALC］　トレース波形の表示設定．OFF，MINHOLD，MAXHOLD， 　　　　　AVER4/16，QUASI PEAK ［STORAGE］　トレース波形の保存と消去など．STORE TRACE/ 　　　　　　　CLEAR STORED/SUBTRACT STORED/NORMLIZE ［LIMITS］　測定パネル上に周波数，レベル値をラインで設定 　　　　　　LIMIT 1 ～ LIMIT 6の計6ラインを設定 ［WATER FALL］　パネルの下部にウォーターフォールを表示 ［SWEEP SETTINGS］　スイープ（スキャン）の速度/時間/ポイント数 　　　　　　　　　　などの設定

Main Menu	項目と動作
MARKER	**スペクトラムのレベル，周波数などを測定するためのマーカーの設定** ［MODIFY MARKER］ マーカー1～4（［MARKER 1］～［MARKER 4］）の設定 DELTA/NOISE/TRACKUING/STORED/SEARCH/DELETE ［MARKER OPS］ マーカーの周波数範囲の設定 ［SEARCH MARKER］ マーカーの条件を設定．PEAK SEARCH/MINLEFT/ MINLIGHT/MAXLEFT/MAXRIGHT/ENTER FREQUENCY/TRACKING
MEASURE	**各種のスペクトルの測定を設定** ［HARMONIC］ マーカーを高調波レベルの測定に設定 ［OIP3］ マーカーをIP3（インターセプトポイント）の測定に設定 ［PHASE NOISE］ マーカーを位相ノイズの測定に設定 ［SNR］ マーカーをSN比測定用に設定 ［−3dB WIDTH］ マーカーを周波数帯域幅（−3dB）測定に設定 ［MORE］ AM/AM/THD/CHANNEL POWER/LINER の設定
CONFIG	**キャリブレーション，テスト，その他の構成を設定** ［TOUCH］ CAL/TEST の操作をパネルタッチ（タップ）に設定 ［SELF TEST］ tinySAのテストモード ［LEVEL CAL］ tinySAのレベル校正モード ［VERSION］ tinySAのバージョンを表示 ［SPUR REMOVAL］ スプリアス除去 ［EXPORT CONFIG］ LO OUTPUT/LEVELCORRECTION/IF FREG/SCAN SPED/SAMPLE REPERT/MIXER DRIVE/MORE（AGC，LNA，BPFなど） ［DUF］ tinySAのファームウェアのアップグレードモード
MODE	**入出力モードの設定** ［LOW INPUT］ 0.1M ～ 350MHz の入力モード ［HIGH INPUT］ 240M ～ 960MHz の入力モード ［LOE OUTPUT］ 0.1M ～ 350MHz の出力モード ［HIGH OUT PUT］ 240M ～ 960MHz の出力モード ［CAL OUT］ CAL発振器の制御．OFF/1M ～ 30MHz

おわりに

　本書ではtinySAの特徴や基本的な使い方を説明しましたが，他にも多くの測定例が
tinySAのホームページで紹介されているので参考になります．

　高周波回路では回路図ではわからない要素の影響により，設計どおりに動作しないこと
があります．

　製作した高周波回路を調整しても予想していた特性が得られないときには，どっと疲れ
が出ます．そのような時，手元にtinySAのような測定器があれば，さっと取り出して，
高周波回路トラブルの原因解明に役立てることができます．

　高周波増幅回路，周波数変換回路の調整や測定には，入力側に信号発生器(SG：Signal
Generator)，そして出力側に信号測定のためのスペアナをつないで測定する場合が多くあ
ります．tinySAはどちらの機能も持っているので，tinySAを2台購入してSGとスペアナ
のペアとして活用するのも良いでしょう．

2023年11月　筆者

｜著｜者｜略｜歴｜

鈴木 憲次 （すずき けんじ）
1946 年　名古屋市に生まれる．
愛知県立工業高校電子科教諭をリタイア後，高周波回路の設計製作とヨットの操船を楽しんでいる．

主な著書：
トラ技 ORIGINAL No.2 ディジタル IC 回路の誕生，1990 年 3 月，CQ 出版社
高周波回路の設計・製作，1992 年 10 月，CQ 出版社
ラジオ＆ワイヤレス回路の設計・製作，1999 年 10 月，CQ 出版社
トランジスタ技術 SPECIAL No.84 基礎から学ぶロボットの実際，2003 年 10 月，CQ 出版社
無線機の設計と製作入門，2006 年 9 月，CQ 出版社
エアバンド受信機の実験，2008 年 9 月，CQ 出版社
気象衛星 NOAA レシーバの製作，2011 年 9 月，CQ 出版社
新版　電気・電子実習 3，2010 年 6 月，実教出版（共著）
ワンセグ USB ドングルで作るオールバンド・ソフトウェア・ラジオ，2013 年 9 月，CQ 出版社
電子回路概論，2015 年 9 月，実教出版（監修）
オールバンド室内アンテナの製作，2016 年 4 月，CQ 出版社（共著）
オールバンド・パソコン電波実験室 HDSDR & SDR#，2020 年 1 月，CQ 出版社

参考文献

- tinySA のホームページ　https://www.tinysa.org/wiki/
- Si4432 データシート　Silicon Laboratories Inc.

電波の分布が一目でわかるスペアナ機能
tinySA 活用ガイド

2023 年 11 月 15 日　初 版 発 行

© 鈴木憲次 2023
（無断転載を禁じます）

著　者　　鈴 木 憲 次
発行人　　櫻 田 洋 一
発行所　　CQ出版株式会社

〒 112-8619　東京都文京区千石 4-29-14
電話　編集　03-5395-2149
販売　03-5395-2141

ISBN978-4-7898-4959-3
定価はカバーに表示してあります

乱丁，落丁本はお取り替えします

編集担当者　今 一義
DTP　西澤 賢一郎
印刷・製本　三共グラフィック株式会社
カバー・表紙デザイン　千村 勝紀
Printed in Japan